智能网联汽车专业"岗课赛证"融通活页式创新教材

Arduino 编程控制与应用

组编　行云新能科技（深圳）有限公司

主编　谢　阳（惠州城市职业技术学院）

　　　魏垂浩（江苏省汽车技师学院）

参编　吴立新（行云新能科技（深圳）有限公司）

　　　赵延杰（惠州城市职业技术学院）

　　　蔡元兵（惠州城市职业技术学院）

　　　黄丹妮（惠州市技师学院）

　　　廖书真（河源职业技术学院）

　　　王　伟（江苏省盐城技师学院）

　　　王　慧（江苏省盐城技师学院）

　　　刘　英（行云新能科技（深圳）有限公司）

　　　张文娟（行云新能科技（深圳）有限公司）

机械工业出版社

本书共分为熟悉 Arduino 编程软件、掌握 Arduino 图形化编程的应用、掌握 Arduino 文本编程的应用、掌握 Arduino 编程语言的进阶应用、掌握 Arduino 智能控制的应用 5 个能力模块，并下设 18 个任务。本书以"做中学"为主导，以程序性知识为主体，配以必要的陈述性知识和策略性知识，重点强化"如何做"，将必要知识点穿插于各个"做"的步骤中，帮助学生边学习，边实践；同时将"课程思政"融入课程的培养目标，在实训教学中渗透理论的讲解，使学生所学到的知识能够融会贯通，让学生具有独立思考的能力和将理论运用于实践的动手能力，并成为从事智能网联汽车相关工作的高素质技能型专业人才。

本书内容通俗易懂，可作为职业院校新能源汽车技术、智能网联汽车技术、智能网联汽车工程技术等专业的教材，也可供从事本专业工作的工程技术人员参考。

图书在版编目（CIP）数据

Arduino编程控制与应用 / 行云新能科技（深圳）有限公司组编；谢阳，魏垂浩主编. — 北京：机械工业出版社，2023.7

智能网联汽车专业"岗课赛证"融通活页式创新教材

ISBN 978-7-111-73485-7

Ⅰ. ①A… Ⅱ. ①行… ②谢… ③魏… Ⅲ. ①单片微型计算机–程序设计–教材 Ⅳ. ①TP368.1

中国国家版本馆CIP数据核字（2023）第128747号

机械工业出版社（北京市百万庄大街22号　邮政编码100037）
策划编辑：谢　元　　　　　　　　　　责任编辑：谢　元
责任校对：贾海霞　刘雅娜　陈立辉　　封面设计：马精明
责任印制：单爱军
北京虎彩文化传播有限公司印刷
2023年11月第1版第1次印刷
184mm × 260mm · 12印张 · 262千字
标准书号：ISBN 978-7-111-73485-7
定价：48.00元

电话服务　　　　　　　　　　网络服务
客服电话：010–88361066　　机　工　官　网：www.cmpbook.com
　　　　　010–88379833　　机　工　官　博：weibo.com/cmp1952
　　　　　010–68326294　　金　书　网：www.golden-book.com
封底无防伪标均为盗版　　机工教育服务网：www.cmpedu.com

资源说明页

本书附赠 18 个富媒体资源，内含 15 个微课视频，总时长 75 分钟。

获取方式：

1.微信扫码（封底"刮刮卡"处），关注"天工讲堂"公众号。

2.选择"我的"——"使用"，跳出"兑换码"输入页面。

3.刮开封底处的"刮刮卡"获得"兑换码"。

4.输入"兑换码"和"验证码"，点击"使用"。

通过以上步骤，您的微信账号即可免费观看全套课程！

首次兑换后，微信扫描本页的"课程空间码"即可直接跳转到课程空间，或者直接扫描内文"资源码"即可直接观看相应富媒体资源。

课程空间码

序

　　当前，全球汽车产业进入百年未有之大变革时期，汽车电动化、网联化和智能化水平不断提升，智能网联汽车已成为世界公认的汽车产业未来发展的方向和焦点。党的二十大报告提出："建设现代化产业体系。坚持把发展经济的着力点放在实体经济上，推进新型工业化，加快建设制造强国、质量强国、航天强国、交通强国、网络强国、数字中国。"这为推动智能网联汽车发展、助力实体经济指明了方向。

　　智能网联汽车是跨学科、跨领域融合创新的新产业，要求企业员工兼具车辆、机械、信息与通信、计算机、电气、软件等多维专业背景。从行业现状来看，大量从业人员以单一学科专业背景为主，主要依靠在企业内"边干边学"完善知识结构，逐步向跨专业复合型经验人才转型。这类人才的培养周期长且培养成本高，具备成熟经验的人才尤为稀缺，现有存量市场无法匹配智能网联汽车行业对复合型人才的需求。

　　为了响应高速发展的智能网联汽车产业对素质高、专业技术全面、技能熟练的大国工匠、高技能人才的迫切需求，为了响应《国家职业教育改革实施方案》提出的"建设一大批校企'双元'合作开发的国家规划教材，倡导使用新型活页式、工作手册式教材并配套开发信息化资源"的倡议，行云新能科技（深圳）有限公司联合中高职院校的一线教学老师与华为、英特尔、百度等行业内头部企业共同开发了智能网联汽车专业"岗课赛证"融通活页式创新教材。

　　行云新能在华为 MDC 智能驾驶技术的基础上，紧跟华为智能汽车的智能座舱——智能网联——智能车云全链条根技术和产品，构建以华为智能汽车根技术为核心的智能网联汽车人才培养培训生态体系，建设中国智能汽车人才培养标准。在此基础上，我们组织多名具有丰富教学和实践经验的汽车专业教师和智能网联汽车企业技术人员一起合作，历时两年，共同完成了"智能网联汽车专业'岗课赛证'融通活页式创新教材"的编写工作。

　　本套教材包括《智能网联汽车概论》《Arduino 编程控制与应用》《Python 人工智能技术与应用》《ROS 原理与技术应用》《智能网联汽车传感器技术与应用》《智能驾驶计算平台应用技术》《汽车线控底盘与智能控制》《车联网技术与应用》《汽车智能座舱系统与应用》《车辆自动驾驶系统应用》《智能网联汽车仿真与测试》共十一本。

　　多年的教材开发经验、教学实践经验、产业端工作经验使我们深切地感受到，教材建设是专业建设的基石。为此，本系列教材力求突出以下特点：

1）以学生为中心。活页式教材具备"工作活页"和"教材"的双重属性，这种双重属性直接赋予了活页式教材在装订形式与内容更新上的灵活性。这种灵活性使得教材可以依据产业发展及时调整相关教学内容与案例，以培养学生的综合职业能力为总目标，其中每一个能力模块都是完整的行动任务。按照"以学生为中心"的思路进行教材开发设计，将"教学资料"的特征和"学习资料"的功能完美结合，使学生具备职业特定技能、行业通用技能以及伴随终身的可持续发展的核心能力。

2）以职业能力为本位。在教材编写之前，我们全面分析了智能网联汽车技术领域的特征，根据智能网联汽车企业对智能传感设备标定工程师、高精度地图数据采集处理工程师、智能网联汽车测试评价工程师、智能网联汽车系统装调工程师、智能网联汽车技术支持工程师等岗位的能力要求，对职业岗位进行能力分解，提炼出完成各项任务应具备的知识和能力。以此为基础进行教材内容的选择和结构设计，人才培养与社会需求的无缝衔接，最终实现学以致用的根本目标。同时，在内容设置方面，还尽可能与国家及行业相关技术岗位职业资格标准衔接，力求符合职业技能鉴定的要求，为学生获得相关的职业认证提供帮助。

3）以学习成果为导向。智能网联汽车横跨诸多领域，这使得相关专业的学生在学习过程中往往会感到无从下手，我们利用活页式教材的特点来解决此问题，活页式教材是一种以模块化为特征的教材形式，它将一本书分成多个独立的模块，以某种顺序组合在一起，从而形成相应的教学逻辑。教材的每个模块都可以单独制作和更新，便于保持内容的时效性和精准性。通过发挥活页式教材的特点，我们将实际工作所需的理论知识与技能相结合，以工作过程为主线，便于学生在实际的操作过程中掌握工作所需的技能和加深对理论知识的认知。

总体而言，本活页式教材以学生为中心，以职业能力为本位，以学习成果为导向，让学生在教师指导下经历完整的工作过程，创设沉浸式教学环境，并在交互体验的过程中构建专业知识，训练专业技能，从而促进学生自主学习能力的提升。每一个任务均以学习目标、知识索引、情境导入、获取信息、任务分组、工作计划、进行决策、任务实施、评价反馈这九个环节为主线，帮助学生在动手操作和了解行业发展的过程中领会团结合作的重要性，培养执着专注、精益求精、一丝不苟、追求卓越的工匠精神。在每个能力模块中引入了拓展阅读，将爱党、爱国、爱业、爱史与爱岗教育融入课程中。为满足"人人皆学、处处能学、时时可学"的需要，本活页式教材同时搭配微课等数字化资源辅助学习。

虽然本系列教材的编写者在智能网联汽车应用型人才培养的教学改革方面进行了一些有益的探索和尝试，但由于水平有限，教材中难免存在错误或疏漏之处，恳请广大读者给予批评指正。

丛书编委会

前　言

　　党的二十大报告指出："统筹职业教育、高等教育、继续教育协同创新，推进职普融通、产教融合、科教融汇，优化职业教育类型定位。"产教融合是培养智能网联汽车产业端所需的素质高、专业技术全面、技能熟练的大国工匠、高技能人才的重要方式，也是我们教材体系建设的重要依据。

　　2022 年 11 月上旬，工业和信息化部与公安部联合发布《关于开展智能网联汽车准入和上路通行试点工作的通知（征求意见稿）》。在电动化、智能化、网联化、共享化已成为汽车产业发展趋势的当下，政策的利好更进一步地推动了产业的健康发展。工业和信息化部数据显示，2022 年上半年，我国具备组合驾驶辅助功能的乘用车销量达 288 万辆，渗透率提高至 32.4%，同比增长 46.2%。国家智能网联汽车创新中心数据显示，到 2025 年，我国智能网联汽车产业仅汽车部分新增产值将超过 1 万亿元；到 2030 年，汽车部分新增的产值将达到 2.8 万亿元。智能网联汽车行业的快速发展推进了产业端对人才的需求，根据教育部等三部门联合印发的《制造业人才发展规划指南》，未来节能与新能源汽车人才缺口为 103 万人，智能网联汽车人才缺口为 3.7 万人，汽车行业技术人才、数字化人才非常稀缺。而智能网联汽车产业作为汽车、电子、信息、交通、定位导航、网络通信、互联网应用等行业领域深度融合的新兴产业，院校在专业建设时往往会遇到行业就业岗位模糊、专业建设核心不清等情况。在政策大力支持、产业蓬勃发展的大背景下，为满足行业对智能网联汽车技术专业人才的需要，促进中高职院校汽车专业建设，特编写本教材。

　　Arduino 是目前世界上广泛应用的开源电子平台，它的诞生改变了过去做电子设计受困于单片机中的各种复杂寄存器这一局面。该平台封装了各种寄存器，有方便的接口和简洁的操作界面，支持 C/C++ 编程以及强大的第三方函数库，适用于诸如 3D 打印机、仿生机器人、智能小车等电子项目的开发和创新。本书的编者希望帮助智能网联汽车领域的初学者从图形化编程应用开始逐步学习掌握文本编程应用、编程语言进阶应用以及智能控制应用等内容，为之后的编程学习和软件调试工作奠定基础。

　　本教材围绕智能网联汽车相关专业"岗课赛证"综合育人的教育理念与教学要求，

基于"学生为核心、能力为导向、任务为引领"的理念编写。在对智能网联技术技能人才岗位特点、1+X 职业技能等级证书和"校—省—国家"三级大赛体系进行调研的基础上，分析出岗位典型工作任务，进而创设真实的工作情景，引入企业岗位真实的生产项目，强化产教融合深度，从而构建整套系统化的课程体系。

　　本书共分为 5 个能力模块，能力模块一为熟悉 Arduino 编程软件，讲解了 Arduino 的起源、发展、特点与 Arduino 编程软件和硬件；能力模块二为掌握 Arduino 图形化编程的应用，讲解了图形化编程软件的安装、LED 亮与灭的实现、串口监视器的使用及"变化"LED 的实现；能力模块三为掌握 Arduino 文本编程的应用，讲解了 Arduino IDE 的安装、LED 闪烁的实现、LED 流水灯效果的实现、数字输入与输出功能的实现、模拟输入与输出功能的实现；能力模块四为掌握 Arduino 编程语言的进阶应用，讲解了数码管的使用、数字秒表的实现、"笑脸"的实现；能力模块五为掌握 Arduino 智能控制的应用，讲解了倒车雷达功能的实现、入门级线控底盘功能的实现、蓝牙控制功能的实现。

能力模块	理论学时	实践学时	权重
能力模块一　熟悉 Arduino 编程软件	3	0	4.7%
能力模块二　掌握 Arduino 图形化编程的应用	4	7	17.2%
能力模块三　掌握 Arduino 文本编程的应用	5	13	28.1%
能力模块四　掌握 Arduino 编程语言的进阶应用	6	8	21.9%
能力模块五　掌握 Arduino 智能控制的应用	6	12	28.1%
总计	24	40	100%

　　由于编者水平有限，本书内容的深度和广度尚存在欠缺，欢迎广大读者予以批评指正。

编　者

活页式教材使用注意事项

活页式教材使用注意事项

01 根据需要，从教材中选择需要夹入活页夹的页面。

02 小心地沿页面根部的虚线将页面撕下。为了保证沿虚线撕开，可以先沿虚线折叠一下。注意：一次不要同时撕太多页。

03 选购孔距为80mm的双孔活页文件夹，文件夹要求选择竖版，不小于B5幅面即可。将撕下的活页式教材装订到活页夹中。

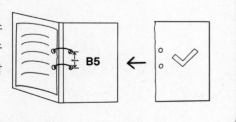

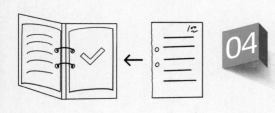

04 也可将课堂笔记和随堂测验等学习资料，经过标准的孔距为80mm的双孔打孔器打孔后，和教材装订在同一个文件夹中，以方便学习。

温馨提示：在第一次取出教材正文页面之前，可以先尝试撕下本页，作为练习

目 录

序
前言

能力模块一
熟悉 Arduino 编程软件

 任务一 认知 Arduino 起源、发展及特点

学习目标

- 了解 Arduino 的起源与发展。
- 熟悉 Arduino 的应用特点。
- 能正确描述 Arduino 的应用场景。
- 能正确描述 Arduino 的应用特点。
- 能独立完成 Arduino 起源与应用资料报告填写。
- 获得多途径检索知识、分析问题以及多元化思考解决问题的方法，形成创新意识。
- 具有良好的团队协作精神和较强的组织沟通能力。
- 具备良好的职业道德，尊重他人劳动，不窃取他人成果。

知识索引

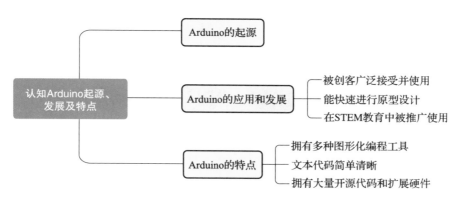

情境导入

　　Arduino 是一款便捷灵活、容易上手的开源电子原型平台，是编程入门学习非常好的一个选择。作为机器人编程项目实习生的你，在某次项目中首次接触到 Arduino，需要整理 Arduino 发展及应用的资料表，帮助自己融入团队，更快适应机器人编程语言。

获取信息

引导问题 1

　　Arduino 是为了解决什么问题而设计出来的什么语言？

_____

_____

_____

一、Arduino 的起源

　　据说"Arduino"这个名字源于大约一千年前某个意大利国王的名字。Massimo Banzi、David Cuartielles 以及 David Mellis 等人为了解决当时市场上难以找到便宜好用的单片机模块这一难题，设计了一款电路板，并为该电路板设计了编程语言，这一套软硬件组成的平台就是 Arduino。Arduino 作为开源电子原型开发平台，其软硬件设计资料都全面向学习者开放。

　　为了保持开放理念，Arduino 官方团队决定采用知识共享（Creative Commons，CC）许可。在 CC 许可下，任何人都被允许生产和销售 Arduino 开发板的复制品，而不需要向 Arduino 官方支付版税，甚至不用取得 Arduino 官方的许可，只需要说明 Arduino 团队的贡献以及保留 Arduino 这个名字即可。因此，在市面上有两种开发板，一种是 Arduino 官方出品的官方板（电路板上印刷有"ARDUINO"字样），另一种则是其他厂商使用 Arduino 团队的设计理念所制作和销售的克隆板（电路板上没有印刷"ARDUINO"字样），如图 1-1-1 所示。

　　a）官方板

　　b）克隆板

图 1-1-1　Arduino 开发板

引导问题 2

Arduino 可以被用于哪些方面？

_____

_____

_____

二、Arduino 的应用和发展

（一）被创客广泛接受并使用

创客（Maker）是指源于兴趣和爱好，努力把各种创意转变为现实的人。Arduino 因为其简单易上手、配套资源丰富等优势成为创客圈控制平台的首选。全球创客使用 Arduino 制作了各种好玩有趣的项目，例如使用 Arduino 制作的 3D 机械臂（图 1-1-2a）、使用与 Arduino Nano 规格相容的 ARK Nano 核心制作的四轴飞行器（图 1-1-2b）、使用 Arduino UNO 制作的自平衡小车（图 1-1-2c）等。

a）3D机械臂　　　　　　　b）四轴飞行器　　　　　　　c）自平衡小车

图 1-1-2　Arduino 的典型应用场景

（二）能快速进行原型设计

Arduino 还经常被用作一些小批量、订制化产品的主控制器，例如广告公司为某瓶装水厂商设计的业务洽谈桌，该洽谈桌需要在每次按下按钮时，自动将一瓶水由桌底送到桌面，如图 1-1-3 所示。

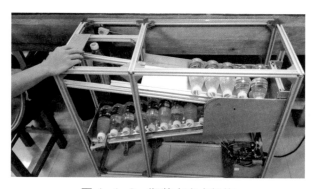

图 1-1-3　瓶装水出水机构

（三）在 STEM 教育中被推广使用

20 世纪 80 年代，美国国家科学委员会提出科学、技术、工程、数学（Science、Technology、Engineering、Mathematics，STEM）教育理念并发展成为国家战略。STEM 强调了知识的获取、方法与工具的应用、创新生产的过程。Arduino 编程语言简洁，且支持多种图形化编程工具，很快就成为青少年 STEM 教育的极佳载体[1]。图 1-1-4 是青少年 STEM 教育常用的教学载体——Arduino 教育编程机器人。

图 1-1-4 Arduino 教育编程机器人

引导问题 3

Arduino 为什么能被广泛应用于创客、原型设计、STEM 教育等领域？

三、Arduino 的特点

Arduino 是一款简单易学且功能丰富的开源平台，包含硬件部分（各种型号的 Arduino 开发板）和软件部分（Arduino IDE⊖）以及广大爱好者和专业人员共同搭建和维护的互联网社区和资源。短短数年间，Arduino 在全球积累了大量用户，被广泛应用于各种领域，推动了许多优秀开源项目的诞生。

而 Arduino 之所以能如此广泛地应用于创客、原型设计、STEM 教育等领域，与它所具备的一些特点是分不开的。

（一）拥有多种图形化编程工具

直接学习 Arduino 代码编程，对于很多没有编程基础的人来说并不是一道能轻松越过的坎。图形化编程工具可以让初学者初步培养良好的编程逻辑思维习惯。目前使用比较多的图形化编程工具包括官方发布的 ArduBlock、基于 Scratch 的 S4A（Scratch for Arduino）以及北师大团队发布的 Mixly（米思齐）。

（二）文本代码简单清晰

Arduino IDE 基于 Processing IDE 开发，对于初学者来说极易掌握的同时还有着足够的灵活性。Arduino 语言基于 Wiring 语言开发，是对 AVR-GCC 库的二次封装，不需要太多的单片机基础及编程基础。因此只需要通过简单的学习，就可以完成一些比较有趣的编程控制实验。

⊖ IDE 为集成开发环境（Integrated Development Enviroment）。

（三）拥有大量开源代码和扩展硬件

Arduino 是全球最流行的开源电子平台，其开源属性吸引了众多开发者和用户的参与。因此可以很方便地通过各类网站找到丰富的开源代码以及成熟的扩展硬件，保证了初学者能更快速、更简单地完成 Arduino 各种控制任务。

职业认证

Arduino 课程学习除了为智能汽车后续的线控底盘、智能座舱、车联网技术学习研究打下基础，还能够帮助学生进阶学习单片机，并从事物联网智能终端开发与应用领域的工作，其中与汽车相关的有汽车智能终端网络通信系统测试、汽车智能终端配置与检测维修。物联网单片机应用与开发职业技能等级证书是以物联网为应用场景，以单片机 / 嵌入式技术核心，考核的内容是以物联网为场景的单片机应用与开发。初级认证需要了解物联网系统基本层次结构，熟悉 8 位 MCS-51 单片机系统典型外围设备的使用与配置方法；熟悉物联网典型网络通信方式的特点与组网方法，掌握硬件产品功能测试、工具和仪表使用等技能。具备初级认证可从事物联网智能终端装配、物联网智能终端检测与维修、物联网系统工程实施等工作，通过初级考核可获得教育部 1+X 证书中的《物联网智能终端开发与设计（初级）》。

任务分组

学生任务分配表

班级			组号		指导老师	
组长			学号			
组员	姓名：_____　学号：_____			姓名：_____　学号：_____		
	姓名：_____　学号：_____			姓名：_____　学号：_____		
	姓名：_____　学号：_____			姓名：_____　学号：_____		
	姓名：_____　学号：_____			姓名：_____　学号：_____		
任务分工						

📝 工作计划

按照前面所了解的知识内容和小组内部讨论的结果，制定工作方案，落实各项工作负责人，如任务实施前的准备工作、实施中主要操作及协助支持工作、实施过程中相关要点及数据的记录工作等，并填写工作计划表。

工作计划表

步骤	作业内容	负责人
1		
2		
3		
4		
5		
6		
7		
8		

👤 进行决策

1. 各组派代表阐述资料查询结果。
2. 各组就各自的查询结果进行交流，并分享技巧。
3. 教师结合各组的完成情况进行点评，选出最佳方案。

👥 任务实施

1. 独立完成 Arduino 相关资料的查询，并填写工单。

Arduino 资料查询
记录

1. Arduino 的起源是什么？

2. 简单总结一下 Arduino 的特点。

2. 根据知识点内容进行拓展训练，并填写工单。

拓展训练

自主上网了解 Arduino 的发展历史。

拓展训练题
记录

1. 简述 Arduino 的发展分为几个阶段。

_____

_____

_____

_____

_____

2. 简述 Arduino 在哪些时期有重大发展，有何重大发展。

_____

_____

_____

_____

_____

6S 现场管理			
序号	操作步骤	完成情况	备注
1	建立安全操作环境	已完成□　未完成□	
2	清理及整理工具量具	已完成□　未完成□	
3	清理及复原设备正常状况	已完成□　未完成□	
4	清理场地	已完成□　未完成□	
5	物品回收和环保	已完成□　未完成□	
6	完善和检查工单	已完成□　未完成□	

评价反馈

1. 各组代表展示汇报 PPT，介绍任务的完成过程。

2. 以小组为单位，对各组的操作过程与操作结果进行自评和互评，并将结果填入综合评价表中的小组评价部分。

3. 教师对学生工作过程与工作结果进行评价，并将评价结果填入综合评价表中的教师评价部分。

综合评价表

姓名		学号		班级		组别	

实训任务					

评价项目		评价标准	分值	得分
小组评价	计划决策	制定的工作方案合理可行，小组成员分工明确	10	
	任务实施	能够完成 Arduino 的起源与应用特点的资料查询	10	
		能够了解 Arduino 的发展历史	20	
		能正确介绍 Arduino 的应用场景	20	
	任务达成	能按照工作方案操作，按计划完成工作任务	10	
	工作态度	认真严谨、积极主动、安全生产、文明施工	10	
	团队合作	与小组成员、同学之间能合作交流、协调工作	10	
	6S 管理	完成竣工检验、现场恢复	10	
		小计	100	
教师评价	实训纪律	不出现无故迟到、早退、旷课现象，不违反课堂纪律	10	
	方案实施	严格按照工作方案完成任务实施	20	
	团队协作	任务实施过程互相配合，协作度高	20	
	工作质量	能够完成 Arduino 的起源与应用特点的资料查询	20	
	工作规范	操作规范，三不落地，无意外事故发生	10	
	汇报展示	能准确表达，总结到位，改进措施可行	20	
		小计	100	
综合评分		小组评分 ×50% + 教师评分 ×50%		

总结与反思

（例：学习过程中遇到什么问题→如何解决的 / 解决不了的原因→心得体会）

任务二　认知 Arduino 编程软件

学习目标

- 了解常见的图形化编程软件。
- 了解常见的代码编程软件。
- 能正确描述常见的图形化编程软件的名称和特点。
- 能正确描述常见的代码编程软件的名称和特点。
- 能顺利完成 Arduino 编程软件介绍 PPT。
- 获得多途径检索知识、分析问题的方法，形成创新意识。
- 具有良好的团队协作精神和较强的组织沟通能力。
- 具备良好的职业道德，尊重他人劳动，不窃取他人成果。

知识索引

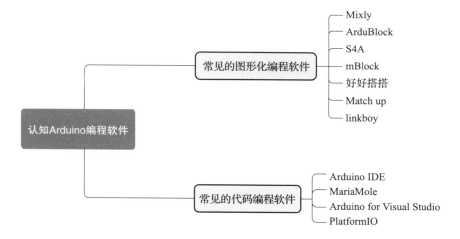

情境导入

　　主管要求你在一次会议前准备 Arduino 的图形化编程软件及代码编程软件资料，并制作 PPT 来介绍它们的特点。

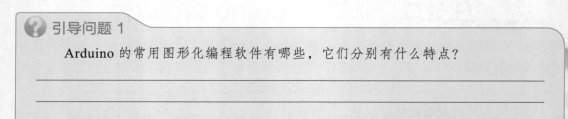

获取信息

引导问题 1

Arduino 的常用图形化编程软件有哪些，它们分别有什么特点？

_____

_____

_____

一、常见的图形化编程软件

（一）Mixly

Mixly（米思齐）由北京师范大学傅骞团队开发，基于 Google Blockly 核心，支持大部分 Arduino 硬件，第三方也可以自己制作库文件。软件更新迭代频繁，一直在不断优化。该软件不仅使用体验好，还可查看图形化模块对应的代码，同时，其配套的教程非常丰富，适合小学高年级学生使用，唯一不足是编译的速度较慢。Mixly 软件界面如图 1-2-1 所示。

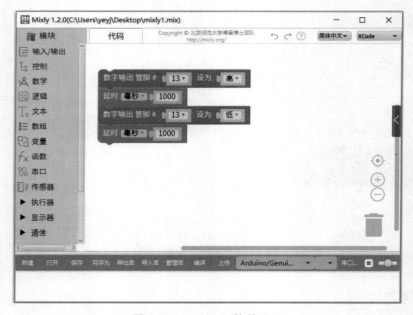

图 1-2-1　Mixly 软件界面

（二）ArduBlock

ArduBlock 是一款由上海新车间创客为 Arduino 开发设计的图形化编程软件，相当于 Arduino IDE 官方编程环境的第三方插件，它依附在 Arduino IDE 软件下运行。有别于 Arduino IDE 文本式编程环境，ArduBlock 是以图形化积木搭建的方式进行编程的，该方式会使编程的可视化和交互性加强，编程门槛降低，即使没有编程经验的人也可以尝试给 Arduino 控制器编写程序。ArduBlock 支持大部分 Arduino 硬件，也支持编写自己独有的硬件库，有相应的配套课程，适合中学及以上学生使用。ArduBlock 是国内第一个 Arduino 图形化编程软件，曾在一段时间内独领风骚，但目前已经停止更新，界面和功能等各方面的体验都已经被后来者赶超。ArduBlock 软件界面如图 1-2-2 所示。

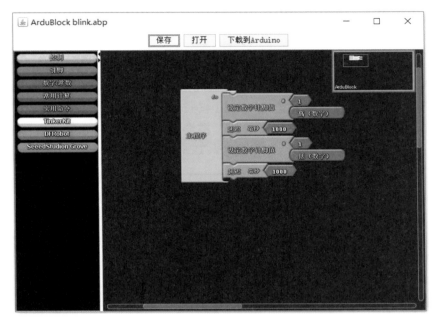

图 1-2-2　ArduBlock 软件界面

（三）S4A

S4A 基于 Scratch 的开源代码改进而来，可以说是 Scratch 的修改版。S4A 的整个界面风格和 Scratch 相似，由于是国外软件，对中文的支持较差。S4A 提供了一系列新的传感器模块与输出模块，并通过它们连接到 Arduino 控制器。S4A 可以实现常见的基本功能，但一些高级模块仍无法使用。S4A 配套的教程不是很多，不过相对简单，较容易学习。S4A 软件界面如图 1-2-3 所示。

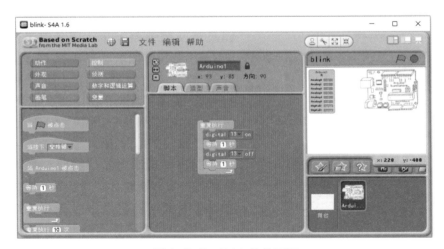

图 1-2-3　S4A 软件界面

（四）mBlock

mBlock 由深圳市创客工场科技有限公司出品，基于 Scratch 开源代码修改而来，界面和使用体验接近原版 Scratch 的风格，是一款集游戏制作、艺术创作、机器人控制于一体的开源编程软件。该软件既结合了 Scratch 软件的图形化编程方式，使零基础的初学者能够快速完成程序设计，同时还添加了机器人模块，使其可以驱动与 Arduino 电路板兼容的传感器、机器人等硬件。mBlock 软件界面如图 1-2-4 所示。

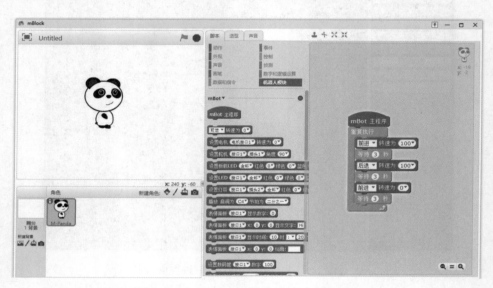

图 1-2-4　mBlock 软件界面（网页版）

（五）好好搭搭

好好搭搭是由杭州好好搭搭科技有限公司开发的在线编程平台，该软件基于 Scratch 开源代码修改而来，实现了云编译功能。好好搭搭支持 Scratch 动画编程、Arduino 硬件编程和其他一些第三方硬件。为方便用户从动画编程无缝过渡到硬件编程，软件可以查看图形化模块对应的代码。好好搭搭软件界面如图 1-2-5 所示。

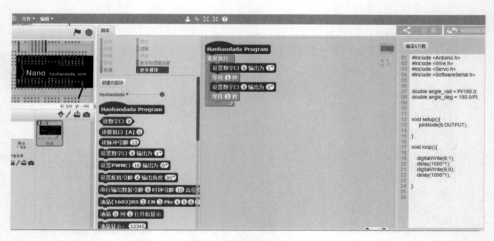

图 1-2-5　好好搭搭软件界面（网页版）

（六）Match UP

Match UP 是由柴火创客推出的一款为兼容 Arduino 平台产品而设计的图形化编程软件。Match UP 完全独立于 Arduino IDE，却完美兼容各种类型的 Arduino 主控板，且涵盖大量的电子模块，可直接转化生成文本化代码，无须下载各种库文件。在 Match UP 的模块拼接界面，可以通过拖拉电子模块进行硬件电路的连接；在逻辑拼接界面，可以通过拖拉逻辑模块进行程序的编写。Match UP 软件界面如图 1-2-6 所示。

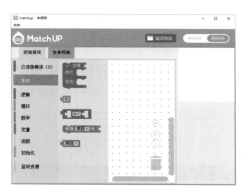

图 1-2-6　Match UP 软件界面

（七）linkboy

linkboy 是一款 Arduino 图形化编程仿真软件，集 Arduino 图形化编程以及 Arduino 仿真功能于一体，内置大量的 Arduino 开源生态模块和元件，可以通过直观的硬件连线界面表达出元器件级别的实物连接效果，方便用户对照连接自己的实物装置。linkboy 内置强大的仿真功能，不需要 Arduino 开发板等硬件，只需要用计算机即可一键模拟运行用户的逻辑和各个模块，做到真正的所见即所得。linkboy 软件界面如图 1-2-7 所示。

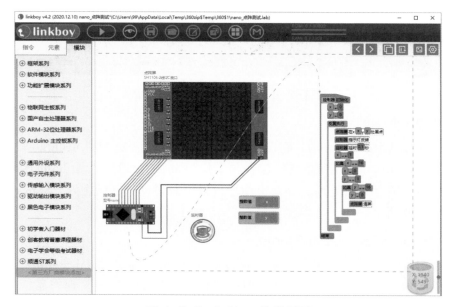

图 1-2-7　linkboy 软件界面

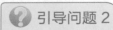

Arduino 的常见的代码编程软件有哪些，它们分别有什么特点？

_____

_____

_____

二、常见的代码编程软件

（一）Arduino IDE

Arduino IDE 是一款官方版 Arduino 程序开发软件，主要使用 C 或 C++ 语言进行编程。它是一个基于开放原始码的软硬件平台，用户可以将程序编写好，然后通过该软件上传执行。Arduino IDE 软件界面如图 1-2-8 所示。

```
Blink | Arduino 1.8.13                                    —  □  ×
文件 编辑 项目 工具 帮助

  Blink §

void setup()
{
   pinMode(LED_BUILTIN, OUTPUT);
}

void loop()
{
  digitalWrite(LED_BUILTIN, HIGH);   // turn the LED on (HIGH is the voltage level)
  delay(1000);                       // wait for a second
  digitalWrite(LED_BUILTIN, LOW);    // turn the LED off by making the voltage LOW
  delay(1000);                       // wait for a second
}



13                                                        Arduino Uno
```

图 1-2-8　Arduino IDE 软件界面

（二）MariaMole

MariaMole 是特别为 Arduino 而设计的开源软件，在已安装的 Arduino 软件基础上运行，可以完成 Arduino 程序的编写、编译与上传，同时还可以导入 Arduino 库和示例等。工作区支持多个项目同时处理，外观上用户可以定制设计自己的主题。MariaMole 软件界面如图 1-2-9 所示。

（三）Arduino for Visual Studio

习惯使用 Visual Studio 环境的用户可以安装 Arduino for Visual Studio 插件进行控制程序代码的编写。Visual Studio 是美国微软公司的开发工具包系列产品，简称 VS。VS 是一个基本完整的开发工具集，它包括了整个软件生命周期中所需要的大部分工具，如统一建模语言（Unified Modeling Language，UML）工具、代码管控工具、集成开发环境等。VS IDE 可用于编辑、调试并生成代码，发布应用。Visual Studio 软件界面如图 1-2-10 所示。

图 1-2-9　MariaMole 软件界面

图 1-2-10　Visual Studio 软件界面

（四）PlatformIO

PlatformIO 是开源的物联网开发生态系统，是一个基于 Python 的代码构建器和库管理器，提供跨平台的代码构建器、集成开发环境，兼容 Arduino。PlatformIO 使用纯 Python 语言开发，无须依赖其他第三方库。PlatformIO 软件界面如图 1-2-11 所示。

图 1-2-11　PlatformIO 软件界面

任务分组

学生任务分配表

班级			组号		指导老师	
组长			学号			
组员	姓名：_____　学号：_____			姓名：_____　学号：_____		
	姓名：_____　学号：_____			姓名：_____　学号：_____		
	姓名：_____　学号：_____			姓名：_____　学号：_____		
	姓名：_____　学号：_____			姓名：_____　学号：_____		
任务分工						

工作计划

按照前面所了解的知识内容和小组内部讨论的结果，制定工作方案，落实各项工作负责人，如任务实施前的准备工作、实施中主要操作及协助支持工作、实施过程中相关要点及数据的记录工作等，并填写工作计划表。

工作计划表

步骤	作业内容	负责人
1		
2		
3		
4		
5		
6		
7		
8		

进行决策

1. 各组派代表阐述资料查询结果。
2. 各组就各自的查询结果进行交流，并分享技巧。
3. 教师结合各组的完成情况进行点评，选出最佳方案。

任务实施

1. 根据获取到的信息，填写工单。
2. 以小组为单位，根据获取到的信息制作介绍 Arduino 图形化编程软件与文本化代码编程软件的汇报 PPT。

Arduino 编程软件的认知
记录

1. 常见的图形化编程软件有哪几类？各自的特点分别是什么？

_____

_____

_____

2. 自主上网查询资料，简述图形化编程软件和文本化代码编程软件的相同之处和不同之处。

_____

_____

_____

（续）

记录
3. 简单描述 Arduino IDE 软件的特点。
_____
_____
_____

6S 现场管理			
序号	操作步骤	完成情况	备注
1	建立安全操作环境	已完成□　未完成□	
2	清理及整理工具量具	已完成□　未完成□	
3	清理及复原设备正常状况	已完成□　未完成□	
4	清理场地	已完成□　未完成□	
5	物品回收和环保	已完成□　未完成□	
6	完善和检查工单	已完成□　未完成□	

评价反馈

1. 各组代表展示汇报 PPT，介绍任务的完成过程。

2. 以小组为单位，对各组的操作过程与操作结果进行自评和互评，并将结果填入综合评价表中的小组评价部分。

3. 教师对学生工作过程与工作结果进行评价，并将评价结果填入综合评价表中的教师评价部分。

综合评价表

姓名		学号		班级		组别	
实训任务							
评价项目		评价标准				分值	得分
小组评价	计划决策	制定的工作方案合理可行，小组成员分工明确				10	
	任务实施	能够正确介绍 Arduino 图形化编程软件的分类及其特点				10	
		能够描述 Arduino 图形化编程软件和代码编程软件的区别				20	
		能够简单描述 Arduino IDE 软件的特点				20	
	任务达成	能按照工作方案操作，按计划完成工作任务				10	
	工作态度	认真严谨、积极主动、安全生产、文明施工				10	
	团队合作	与小组成员、同学之间能合作交流、协调工作				10	
	6S 管理	完成竣工检验、现场恢复				10	
		小计				100	

（续）

评价项目		评价标准	分值	得分
教师评价	实训纪律	不出现无故迟到、早退、旷课现象，不违反课堂纪律	10	
	方案实施	严格按照工作方案完成任务实施	20	
	团队协作	任务实施过程互相配合，协作度高	20	
	工作质量	能够正确区分 Arduino IDE 的不同型号，完成 Arduino IDE 的安装	20	
	工作规范	操作规范，三不落地，无意外事故发生	10	
	汇报展示	能准确表达，总结到位，改进措施可行	20	
		小计	100	
综合评分		小组评分 ×50% + 教师评分 ×50%		

总结与反思

（例：学习过程中遇到什么问题→如何解决的 / 解决不了的原因→心得体会）

任务三　认知 Arduino 硬件

学习目标

- 了解常见的 Arduino 控制器。
- 了解常见的 Arduino 扩展硬件。
- 掌握 Arduino UNO 的基本知识。
- 能正确描述常见 Arduino 控制器的类型、功能和特点。
- 能正确描述常用的扩展硬件的类型、功能和特点。
- 能正确描述 Arduino UNO 的组成结构和各组成部分的作用。
- 能正确完成 Arduino UNO 所有管脚的作用报告。
- 获得多途径检索知识、分析问题以及多元化思考解决问题的方法，形成创新意识。
- 具有良好的团队协作精神和较强的组织沟通能力。
- 具备良好的职业道德，尊重他人劳动，不窃取他人成果。

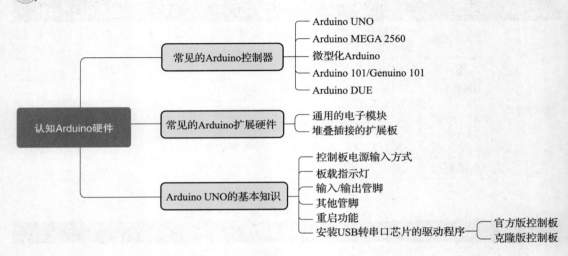

知识索引

认知Arduino硬件

- 常见的Arduino控制器
  - Arduino UNO
  - Arduino MEGA 2560
  - 微型化Arduino
  - Arduino 101/Genuino 101
  - Arduino DUE
- 常见的Arduino扩展硬件
  - 通用的电子模块
  - 堆叠插接的扩展板
- Arduino UNO的基本知识
  - 控制板电源输入方式
  - 板载指示灯
  - 输入/输出管脚
  - 其他管脚
  - 重启功能
  - 安装USB转串口芯片的驱动程序
    - 官方版控制板
    - 克隆版控制板

情境导入

　　作为一名 Arduino 硬件工程师，现在团队需要使用 Arduino UNO 控制板，主管要求你查阅 Arduino UNO 控制板的使用说明书，整理其中所有管脚的作用及需要注意的要点，并完成 Arduino 硬件模块表单填写。

获取信息

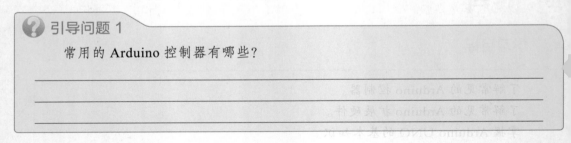

引导问题 1

　　常用的 Arduino 控制器有哪些？

_____

_____

_____

引导问题 2

　　1）Arduino UNO 有哪些特点？

_____

　　2）Arduino MEGA 2560 相较于 Arduino UNO 有什么优点？

_____

　　3）Arduino DUE 相较于 UNO、DUE 有何特点？

_____

一、常见的 Arduino 控制器

（一）Arduino UNO

Arduino UNO 是使用最为广泛的 Arduino 控制器（俗称 Arduino UNO 控制板），其实物如图 1-3-1 所示。它功能完备、价格低廉、使用便利，最适合初学者选择。本书后续内容的实验大多都是基于 Arduino UNO 进行。Arduino UNO 可用于环境动态控制（如自动天气监测站、背景辐射监测器、家用安全系统等）、小型自动控制（如小型机器人、四轴飞行器、智能小车、小型 3D 打印机等）和艺术表演（如动态声音控制、灯光控制等）等设备。

（二）Arduino MEGA 2560

相对于 Arduino UNO 只有 14 个数字输入 / 输出（Input/Output，I/O）接口，Arduino MEGA 2560 则提供了多达 54 个数字输入 / 输出接口。而 Arduino MEGA 2560 的模拟输入接口更是多达 16 个，具有 PWM[⊖] 输出功能的接口增至 16 个，UART[⊜] 接口增至 4 个，外部中断接口增至 6 个，其实物如图 1-3-2 所示。因此，Arduino MEGA 2560 的性能和整体配置都远比 Arduino UNO 强大，其应用领域较之也更为广泛，尤其是在 3D 打印机和机器人等项目中。

图 1-3-1　Arduino UNO 控制板

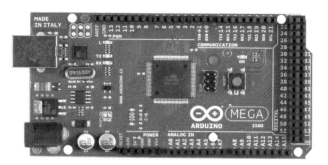

图 1-3-2　Arduino MEGA 2560 控制板

（三）微型化 Arduino

微型化 Arduino 主要应用在一些对控制器外形尺寸要求严格的场合，常见的有 Arduino Nano、Arduino Mini、Lilypad Arduino 等版本，它们的外形如图 1-3-3 所示。因为受外形尺寸限制，有些甚至没有自带 USB 转串行端口（以下简称串口）模块（如 Arduino Mini、Lilypad Arduino），上传程序需要借助外部模块来完成。以 LilyPad Arduino 为例，它是一个小型可穿戴 CPU[⊜]，可以被缝在衣服、手套等物品上作为可穿戴设备控制其他外部设备。

⊖　PWM 为脉冲宽度调制（Pulse Width Modulation）。
⊜　UART 为通用异步接收发送设备（Universal Asynchronous Receiver/Transmitter）。
⊜　CPU 为中央处理器（Central Processing Unit）。

 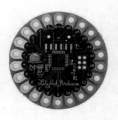

a）Arduino Nano　　　b）Arduino Mini　　　c）Lilypad Arduino

图 1-3-3　微型化 Arduino 控制板

（四）Arduino 101/Genuino 101

Arduino 101/Genuino 101 是一款性能出色的低功耗控制板，它基于 Intel® Curie™ 模块，性价比高，使用简单，其外形如图 1-3-4 所示。

图 1-3-4　Arduino 101/Genuino 101

Arduino 101/Genuino 101 与 UNO 同样带有 14 个输入 / 输出（Input/Output，I/O）接口，6 个模拟输入接口，1 个用作串口通信和上传程序的 USB 接口。此外，还额外增加了低功耗蓝牙（Bluetooth LE）和 6 轴加速度计、陀螺仪，让用户轻松实现功能更丰富的创意。Arduino 101/Genuino 101 具有小巧的体积、强大的处理能力、联网能力以及很好的编程环境，可应用于机器人、无人机控制以及可穿戴设备开发等。

（五）Arduino DUE

Arduino DUE 与大多数使用 8 位 AVR 芯片的 Arduino 控制器不同，它采用了 32 位的 ARM Cortex-M3 作为主控芯片，其外形与 Arduino MEGA 2560 相似，如图 1-3-5 所示。Arduino DUE 的主频可达 84MHz，引出了 54 个数字管脚（芯片总共有 100 个 I/O 管脚），其中 12 个用来连接 PWM，另有 12 个模拟输入 / 输出管脚，4 个 UART 串行接口管脚，2 个数模转换（Digital-to-Analog Conversion，DAC）管脚，2 个双线接口（Two-Wire Interface，TWI）管脚，1 个串行外部接口（Serial Peripheral Interface，SPI）管脚，1 个 JTAG⊖兼容调试管脚。相对于 UNO，DUE 运行速度更快，功能更强大，多用在计算量比较大、端口较多的项目中 [2]。

⊖　JTAG 为联合测试行动组织（Joint Test Action Group），现主要指一种用于芯片内部测试的标准测试协议。

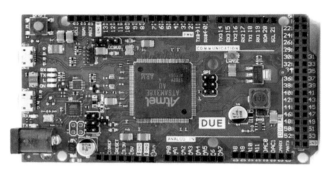

图 1-3-5　Arduino DUE

⚠ 注意：Arduino DUE 的工作电压为 3.3V，切勿超压使用。

❓ 引导问题 3

常用的 Arduino 扩展硬件有＿＿＿＿＿＿＿、＿＿＿＿＿＿＿。

❓ 引导问题 4

1）能够与 Arduino 连接实现功能扩展的电子模块分为＿＿＿＿＿＿＿类和＿＿＿＿＿＿＿类。

2）堆叠插接的扩展板的特点为＿＿

二、常见的 Arduino 扩展硬件

（一）通用的电子模块

能够与 Arduino 连接实现功能扩展的电子模块分为传感器类和执行器类。传感器类电子模块主要有开关模块（如按钮开关、可调电阻等）、环境感知模块（如温湿度传感器、光传感器、传声器、超声波测距传感器等）、电磁感知模块（如霍尔传感器等）、通信模块（如蓝牙、Wi-Fi、红外等）等，如图 1-3-6 所示。

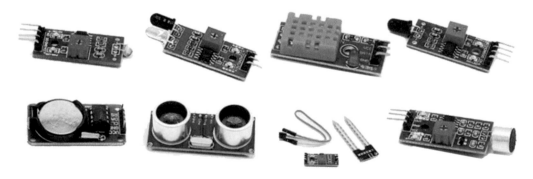

图 1-3-6　常见的传感器类电子模块

Arduino 编程控制与应用

执行器类电子模块主要有电机（如直流电机、舵机、步进电机等）、发光设备[如发光二极管（Light Emitting Diode，LED）等]、显示屏幕模块（如黑白屏幕、彩色屏幕、触摸屏幕等）、发声设备（如蜂鸣器、扬声器等）、驱动模块（如继电器、L298N 芯片等）等。常见的执行器类电子模块如图 1-3-7 所示。

图 1-3-7　常见的执行器类电子模块

（二）堆叠插接的扩展板

很多第三方公司或个人为 Arduino 设计了可以直接堆叠插接的扩展板，每块扩展板具有单种或多种特定功能。这些扩展板通常支持多块板堆叠插接，以达到扩展多个功能的目的，如图 1-3-8 所示。

图 1-3-8　支持堆叠插接的 Arduino 扩展板

引导问题 5

Arduino UNO 控制板主要由哪些部件组成？

引导问题 6

输入输出的管脚有哪些？其他管脚又有哪些？

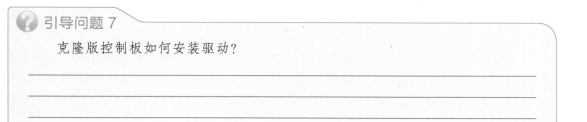

引导问题 7

克隆版控制板如何安装驱动？

_____

_____

_____

三、Arduino UNO 的基本知识

Arduino UNO 控制板是初学者入门学习的最佳选择，目前其最新版本为 UNO R3，主要组成部件如图 1-3-9 所示。

图 1-3-9　Arduino UNO 控制板主要组成部件

（一）控制板电源输入方式

Arduino UNO 的电源输入方式主要有以下 3 种。

1）通过 USB 连接管脚（方形口）供电，电压为 5V。

2）通过直流电源输入管脚供电，电压为 7~12V（因为这个管脚的输入电压会经过板载稳压芯片降压后再供给控制板）。

3）通过电源管脚直接供电，如果是标注为"5V"的管脚，供电电压必须是 5V；如果是标注为"VIN"的管脚，供电电压可以是 7~12V（因为该管脚的输入电压同样会先经过板载稳压芯片降压）。

（二）板载指示灯

Arduino UNO 控制板通常自带 4 个 LED 指示灯，分别具有不同的指示含义。

1）电源指示灯，符号通常为"ON"，当 Arduino 控制板通电时，该指示灯点亮。

2）串口通信指示灯，符号通常为"TX"和"RX"，其中，TX 表示串口发送指令，

RX 表示串口接收指令，上传程序过程中或激活串口通信功能时，这两个指示灯会闪烁指示。

3）可编程控制指示灯，符号通常为"L"，这个指示灯通过控制板内部电路与 13 号管脚相连，当编程控制 13 号管脚为高电位时，该指示灯点亮；当编程控制 13 号管脚为低电位时，该指示灯熄灭。通常使用该指示灯辅助检查控制板是否可以正常工作。

（三）输入 / 输出管脚

1）模拟输入管脚。符号标注为"A0"~"A5"的 6 个管脚为控制板的模拟输入管脚。这些输入管脚具有十位的分辨率（即可将输入值转换成 2^{10}，共 1024 个值），默认输入信号范围是 0~5V。特殊情况下也可以将这些管脚定义为数字输出管脚，管脚号为 14~19。

2）数字输入 / 输出管脚。符号标注为"0"~"13"，共 14 个管脚，这些管脚可以通过程序灵活定义为输入模式或输出模式。当设置为输入模式时，管脚电压被外部下拉后，获取输入值为 0；管脚电压被外部上拉后，获取输入值为 1。当设置为输出模式时，控制管脚输出状态为 1 时，管脚电位状态为 5V；控制管脚输出状态为 0 时，管脚电位状态为 0V。

3）串口通信管脚。符号标注为"0"和"1"的数字输入 / 输出管脚同时具备串口通信功能。这两个管脚也通过控制板内部电路与 USB 转串口芯片相连，用于计算机向板载主控芯片上传程序、发送串口监视数据或与其他设备进行串口通信。

4）外部中断管脚。符号标注为"2"和"3"的数字输入 / 输出管脚同时具备外部中断功能。

5）PWM 输出管脚。符号标注为"3""5""6""9""10"和"11"的数字输入 / 输出管脚同时具备 PWM 输出功能。这些管脚输出精度为八位，即输出值数量可达 2^8，共 256 个值。

6）SPI 通信管脚。符号标注为"10""11""12"和"13"的数字输入 / 输出管脚可以用于 SPI 通信。其中，10 号管脚对应 SPI 通信的 SS 线，11 号管脚对应 MOSI 线，12 号管脚对应 MISO 线，13 号管脚对应 SCK 线。

7）TWI 通信管脚。符号标注为"A4"和"A5"的模拟输入管脚可同时用于 TWI 通信（兼容 IIC[⊖]通信）。其中，A4 号管脚对应 TWI 通信的 SDA 线，A5 号管脚对应 SCL 线。

（四）其他管脚

1）AREF 管脚。通常位于数字输入 / 输出管脚同一列，为模拟输入信号提供参考电压。

2）ICSP[⊜]管脚。分别对应主控芯片的 VCC、MISO、MOSI、SCK、GND 和 RESET，可以与专用的单片机烧写器连接，利用串行接口给芯片烧写程序，适合高阶单片机用户。但通常可以利用这些管脚实现 SPI 通信功能。

⊖ IIC 为集成电路总线（Inter-Integrated Circuit）。
⊜ ICSP 为在线串行编程（In-Circuit Serial Programming）。

（五）重启功能

1）按下复位按钮，可以重启 Arduino 控制板，让控制程序从头开始运行。

2）将 RESET 管脚（通常位于电源管脚处）连接 GND，同样可以重启 Arduino 控制板。

（六）安装 USB 转串口芯片的驱动程序

1. 官方版控制板

如果购买的是官方版的控制板（Arduino UNO R3），其 USB 转串口芯片的型号为 ATMEL ATmega16U2（正方形）（图 1-3-10），只需按要求安装相应的编程环境，系统会自动安装驱动程序，安装完毕后会在"设备管理器"界面显示对应的串口编号，如图 1-3-11 所示。

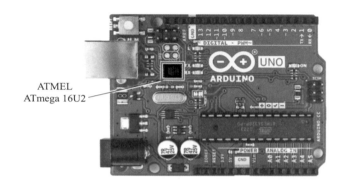

图 1-3-10　ATMEL ATmega16U2 芯片

图 1-3-11　ATMEL ATmega16U2 芯片对应串口编号（COM10）

2. 克隆版控制板

如果购买的是国内电子商务网站常见的克隆板，其 USB 转串口芯片的型号是 CH340/CH341（长方形）（图 1-3-12），需要自行上网下载"CH341SER.ZIP"压缩文件，解压缩后获得一个可执行文件"CH341SER.EXE"和一个文件夹"DRIVER"。双击可执行文件并单击"安装"后，即可自行安装。如果出现如图 1-3-13 所示的提示窗，说明驱动安装成功。驱动安装成功后，同样可以在"设备管理器"界面找到对应的串口编号，如图 1-3-14 所示。

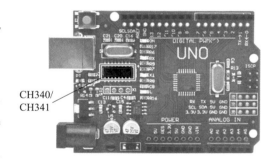

图 1-3-12　CH340/CH341 芯片

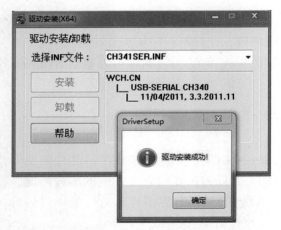

图 1-3-13　驱动安装成功信息提示窗

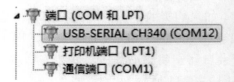

图 1-3-14　CH340/CH341 芯片对应
串口编号（COM12）

📖 拓展阅读

　　在了解 Arduino 的过程中，大家或多或少都听说过 ARM、树莓派、单片机这类概念词语，那它们之间有什么联系和区别呢？下面将为大家介绍。

　　简单来说，Arduino 是一种开发工具软件和开发方式，不是原始芯片或电路板，可以理解成是基于 AVR 单片机应用的开发板软件，包含非常多的应用库，不用直接操作寄存器，能直接支持和进行处理器芯片的开发，软件和硬件的开发方式具有很明显的搭积木的特点，开发应用简单、方便、快捷。

　　ARM 主要是指 ARM 系列的处理器，可以理解成目前计算机领域非常流行的芯片，是由英国的一家专门设计中央处理器核心技术方案的公司研发的。大家熟知的三星、苹果等公司都是通过购买 ARM 公司的芯片技术授权，从而实现在 ARM 系列处理器的基础上再开发具有自己特点的微控制器（Micro Control Unit，MCU）和中央处理器。ARM 芯片技术是目前高性能顶级单片机的核心技术。

　　树莓派，简单来说可以理解为一种可拓展的电路板，使用 ARM 的处理器芯片，运行 Linux 操作系统，连上显示器、键盘、网络（有线或无线）就可以组成一个小体积的桌面计算机。整体组装的树莓派类似于将传统计算机机箱里的大部分设备及元器件都集成到一块电路板上的微型计算机或卡片式计算机。

　　单片机（Microcontrollers）是一种集成电路芯片，使用集成电路技术，把 CPU、随机存储器（Random Access Memory，RAM）、只读存储器（Read-Only Memory，ROM）及各类电路集成到一块硅片上，构成了一个小而完善的微型计算机系统，代表性的主要有 8051 芯片、AVR 芯片、ARM Cortex-M 系列和 Cortex-R 系列芯片。

任务分组

学生任务分配表

班级		组号		指导老师	
组长		学号			
组员	姓名：＿＿＿＿　学号：＿＿＿＿ 姓名：＿＿＿＿　学号：＿＿＿＿ 姓名：＿＿＿＿　学号：＿＿＿＿ 姓名：＿＿＿＿　学号：＿＿＿＿			姓名：＿＿＿＿　学号：＿＿＿＿ 姓名：＿＿＿＿　学号：＿＿＿＿ 姓名：＿＿＿＿　学号：＿＿＿＿ 姓名：＿＿＿＿　学号：＿＿＿＿	
任务分工					

工作计划

　　按照前面所了解的知识内容和小组内部讨论的结果，制定工作方案，落实各项工作负责人，如任务实施前的准备工作、实施中主要操作及协助支持工作、实施过程中相关要点及数据的记录工作等，并填写工作计划表。

工作计划表

步骤	作业内容	负责人
1		
2		
3		
4		
5		
6		
7		
8		

进行决策

1. 各组派代表阐述资料查询结果。

2. 各组就各自的查询结果进行交流，并分享技巧。

3. 教师结合各组的完成情况进行点评，选出最佳方案。

任务实施

1. 根据上面获取的信息，填写工单。

2. 以小组为单位，上网查询 Arduino UNO 控制板的使用说明书，整理所有管脚的作用，形成报告。

Arduino 硬件认知
记录

1. 简单描述 Arduino 控制器的类型、功能和特点。

_____

_____

_____

2. 简单描述常用扩展硬件的类型、功能和特点。

_____

_____

_____

3. 简单描述 Arduino UNO 的组成结构和各组成部分的作用。

_____

_____

_____

6S 现场管理			
序号	操作步骤	完成情况	备注
1	建立安全操作环境	已完成□　未完成□	
2	清理及整理工具量具	已完成□　未完成□	
3	清理及复原设备正常状况	已完成□　未完成□	
4	清理场地	已完成□　未完成□	
5	物品回收和环保	已完成□　未完成□	
6	完善和检查工单	已完成□　未完成□	

评价反馈

1. 各组代表展示汇报 PPT，介绍任务的完成过程。

2. 以小组为单位，对各组的操作过程与操作结果进行自评和互评，并将结果填入综合评价表中的小组评价部分。

3. 教师对学生工作过程与工作结果进行评价，并将评价结果填入综合评价表中的教师评价部分。

综合评价表

姓名		学号		班级		组别	
实训任务							

评价项目		评价标准	分值	得分
小组评价	计划决策	制定的工作方案合理可行，小组成员分工明确	10	
	任务实施	能正确描述常见 Arduino 控制器的类型、功能和特点	10	
		能正确描述常用扩展硬件的类型、功能和特点	20	
		能正确描述 Arduino UNO 的组成结构和各组成部分的作用	20	
	任务达成	能按照工作方案操作，按计划完成工作任务	10	
	工作态度	认真严谨、积极主动、安全生产、文明施工	10	
	团队合作	与小组成员、同学之间能合作交流、协调工作	10	
	6S 管理	完成竣工检验、现场恢复	10	
		小计	100	
教师评价	实训纪律	不出现无故迟到、早退、旷课现象，不违反课堂纪律	10	
	方案实施	严格按照工作方案完成任务实施	20	
	团队协作	任务实施过程互相配合，协作度高	20	
	工作质量	能够正确描述 Arduino UNO 的组成结构和各组成部分的作用	20	
	工作规范	操作规范，三不落地，无意外事故发生	10	
	汇报展示	能准确表达，总结到位，改进措施可行	20	
		小计	100	
综合评分		小组评分 ×50% + 教师评分 ×50%		

总结与反思

（例：学习过程中遇到什么问题→如何解决的 / 解决不了的原因→心得体会）

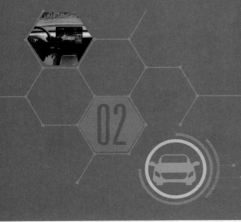

能力模块二
掌握 Arduino 图形化编程的应用

 任务一　安装图形化编程软件

学习目标

- 了解米思齐编程软件的特点。
- 了解米思齐软件的安装流程。
- 了解米思齐软件的操作界面。
- 能正确描述米思齐软件的特点。
- 能正确下载安装米思齐软件。
- 能正确使用米思齐软件的操作界面。
- 能正确安装米思齐软件。
- 获得多途径检索知识、分析问题以及多元化思考解决问题的方法，形成创新意识。
- 具有良好的团队协作精神和较强的组织沟通能力。
- 具备良好的职业道德，尊重他人劳动，不窃取他人成果。

知识索引

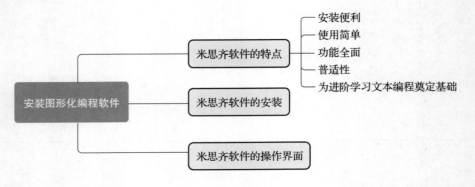

情境导入

　　俗话说"工欲善其事，必先利其器"，工匠要做好工作，必须先磨好工具，同理，要想通过 Arduino 开发板实现我们想要的效果，安装软件则是第一步。作为一名刚入行的 Arduino 实习生，首先需要从图形化编程软件入手，需要先安装软件并进行基本的操作。

获取信息

引导问题 1

　　中小学的机房管理员非常排斥软件的安装与升级工作，特别是很多机房都安装了硬盘保护卡，需要安装才能使用的软件会给管理员带来很大的不便。米思齐是否会带来这样的困扰？为什么？

_____
_____
_____
_____

引导问题 2

　　米思齐为什么具有使用简单的特点？

_____
_____
_____
_____

引导问题 3

　　当前，很多学校将组织或参与创客类比赛作为创客教育的一种途径，而比赛的竞技性对软件的功能提出了更高的要求。米思齐是否能满足这样的要求？为什么？

_____
_____
_____
_____

引导问题 4

米思齐在设计上考虑了绝对的普适性，下面说法中不正确的是＿＿＿。

A. 米思齐对所有官方支持的开发板都提供完美的支持。

B. 米思齐会根据所有开发板的类型自动改变模块中的管脚号、中断号、模拟输出管脚等。

C. 米思齐对第三方开发板也可以直接提供支持。

 引导问题 5

请说一说米思齐在软件的设计上加入了哪些可延续性的内容。

_____

_____

_____

一、米思齐软件的特点

米思齐是一个免费、开源的图形化编程系统，它具有以下一些特点。

（一）安装便利

米思齐在设计上做到了完全绿色使用。用户直接从网上下载 Mixly 软件包，解压缩后即可在 Windows XP 及以上版本的操作系统中运行。软件无需额外安装浏览器，也不用安装 Java 运行环境，使用非常方便。

（二）使用简单

米思齐采用了 Blockly 图形化编程引擎，使用图形化的积木块代替了复杂的代码编写，为学生的快速入门奠定了良好的基础。

此外，米思齐使用了不同颜色的示意图标代表不同类型的功能块，方便用户归类区分；在复合功能块中提供默认选项，有效减少用户的拖动次数；在同一个界面整合软件的所有功能，学习使用非常简单。

（三）功能全面

米思齐在功能的设计上力求和 Arduino IDE 的文本编程保持一致，Mixly 0.96 以后的版本都已经实现了 Arduino 所有官方功能（包括中断处理），并加入了大量的第三方扩展库功能，如红外遥控、超声波等，可以保证基本的功能使用需求。

（四）普适性

米思齐在设计上考虑了绝对的普适性。

首先，对 Arduino 官方支持的所有开发板，米思齐都提供了完美的支持，它会根据开发板的类型自动改变模块中的管脚号、中断号、模拟输出管脚等。

其次，对 Arduino 支持的第三方开发板，用户只要把相应开发板的定义复制到米思齐中，依然可以得到支持，如国内常见的 ESP8266 开发板、各类用户修改后的开发板等，从而保证了用户在开发板选择上的最大自由度。

（五）为进阶学习文本编程奠定基础

米思齐图形化编程系统的目标绝对不是替换原有的文本编程方式，而是希望学生通过图形化编程更好、更快地理解编程的原理和程序的思维，并为未来的文本编程打好基础。米思齐在软件的设计上加入了更多的可延续性的内容，包括引入变量类型、在模块的设计上尽量保持和文本编程的一致、支持图形编程和文本编程的对照等。

❓ 引导问题 6

米思齐软件版本分为＿＿＿＿＿＿＿＿＿＿、＿＿＿＿＿＿＿＿＿＿＿或＿＿＿＿＿＿＿＿＿＿＿。

❓ 引导问题 7

米思齐软件是一个绿色免安装软件，所以将下载得到的压缩包进行解压缩后，可以直接使用。（□正确　□错误）

❓ 引导问题 8

米思齐软件压缩包第一次解压缩后的软件可直接运行。（□正确　□错误）

二、米思齐软件的安装

可以从米思齐官网（爱上米思齐，http://mixly.org）找到"软件平台"栏目，如图 2-1-1 所示。

图 2-1-1　爱上米思齐网站

根据自己使用的计算机操作系统（Windows、Mac 或 Linux）选择合适的软件版本进行下载，下载完成后将得到一个压缩包（本书编写时，最新版为 Mixly0.999，所以下载得到的文件为 "Mixly0.999_WIN.zip" 或 "Mixly0.999_MAC.zip"）。本书后续内容将以基于 Windows 系统的米思齐软件为例进行讲解。

米思齐软件是一个绿色免安装软件，所以将下载得到的压缩包进行解压缩后，可以直接使用。解压缩后得到的文件夹内容如图 2-1-2 所示。建议解压缩到硬盘根目录，路径不能包含中文及特殊字符。

图 2-1-2　米思齐软件的文件夹

第一次解压缩的软件只含有最基础的文件，不能直接运行。需要先双击运行 "一键更新 .bat" 或 "update.bat" 下载最新版的米思齐软件。更新前，可以选择是否安装选装功能，如图 2-1-3 所示。更新过程会显示更新进度。

图 2-1-3　更新过程

软件下载更新完成后，会看到 "Mixly 已升级" 的提示，如图 2-1-4 所示。

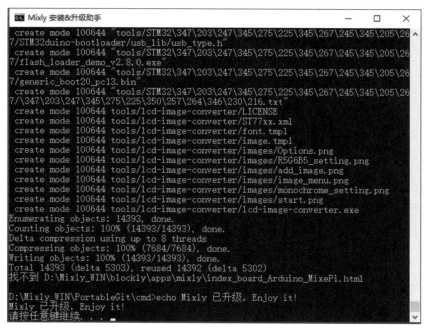

图 2-1-4　Mixly 更新完成

更新完成后，软件目录如图 2-1-5 所示，可以双击"Mixly.exe"，打开米思齐软件。

图 2-1-5　更新完成后的软件目录

❓ 引导问题 9

　　米思齐的主界面由左上的＿＿＿＿＿＿、右上的＿＿＿＿＿＿、中部的＿＿＿＿＿＿和下部的＿＿＿＿＿＿构成。

三、米思齐软件的操作界面

　　米思齐的主界面由左上的模块选择区、右上的程序构建区、中部的系统功能区和下部的消息提示区构成（图 2-1-6）。

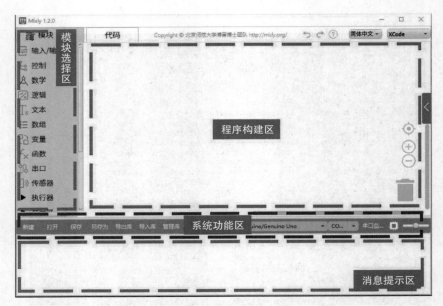

图 2-1-6　米思齐的主界面

模块选择区包含了所有的程序模块，并分为输入/输出、控制、数学、逻辑、文本、数组、变量、函数、串口、传感器、执行器、显示器、通信、存储、网络等类别。每个类别的模块都使用了不同的颜色填充，非常方便区分。

程序构建区则是将从模块选择区拖拽过来的各个模块用一定的逻辑关系拼接在一起。这个区域右侧有三个按钮，能够实现该区域图形的居中、放大（与向上滚动鼠标滚轮效果相同）和缩小（与向下滚动鼠标滚轮效果相同）。此外，该区域右下角有一个回收站标识，可以将被拖拽到其中的模块删除。

系统功能区类似于"菜单栏"，包含了新建、打开、保存、另存为、导入库、管理库、编译、上传和串口监视器等功能按钮。此外，还有控制板型号和通信串口号的选择下拉列表。

消息提示区会显示程序在编译、上传过程中的相应信息。如果出现编译或上传失败的情况，用户可以根据提示信息，解决相关问题。

在进行正式编程前，必须先在"系统功能区"选择所使用的 Arduino 控制板型号和通信串口号。例如，本书案例一般采用 Arduino UNO 控制板，则在这里选择"Arduino/Genuino UNO"。串口编号的选择需要查看 Windows 操作系统中的设备管理器，找到 Arduino 控制板对应的串口号。

职业认证

物联网智能终端开发与设计（初级）中的移动应用程序开发就涉及常见布局交互编程，技能要求熟悉基础智能终端交互页面的操作设计与常见控件的自定义布局，通过初级考核可获得教育部 1+X 证书中的《物联网智能终端开发与设计（初级）》。该认证主要面向的职业岗位（群）为智能汽车制造、信息传输、软件和信息技术服务业等新一代信息技术领域的物联网终端产品部署、开发、设计、系统集成与工程管理岗位，主要完成物联网智能终端安装部署、检测调试、应用软件开发、系统移植、嵌入式应用开发、驱动开发、人工智能应用开发、物联网项目的规划与管理等工作。在汽车智能化领域，也对车载、车控等多方面的智能终端开发设计、调试检修人才有很大需求。

任务分组

学生任务分配表

班级			组号		指导老师	
组长			学号			
组员	姓名：_____　学号：_____ 姓名：_____　学号：_____ 姓名：_____　学号：_____ 姓名：_____　学号：_____			姓名：_____　学号：_____ 姓名：_____　学号：_____ 姓名：_____　学号：_____ 姓名：_____　学号：_____		
任务分工						

工作计划

 引导问题 10

　　获取需安装米思齐软件的计算机相关信息。计算机操作系统为_____，因此需安装的米思齐软件版本应为_____。

 引导问题 11

　　扫描二维码观看米思齐软件的安装视频，并结合获取到的计算机信息、前面所学习到的知识及小组讨论的结果，制定工作方案，并填写工作计划表。

图形化软件的
安装

工作计划表

步骤	作业内容	负责人
1		
2		
3		
4		
5		
6		

进行决策

1. 各组派代表阐述资料查询结果。

2. 各组就各自的查询结果进行交流，并分享技巧。

3. 教师结合各组的完成情况进行点评，选出最佳方案。

任务实施

1. 按照引导问题 11 右侧视频操作，完成米思齐软件的安装，并完成工单。

图形化编程软件安装
记录

1. 总结米思齐软件安装的步骤。

_____

_____

_____

_____

2. 总结下载和安装过程中的注意事项。

_____

_____

_____

_____

拓展训练

在完成软件安装后，打开米思齐软件，实际体验查看软件界面，记录界面分布和功能特点。

2. 根据知识点内容进行拓展训练，并填写工单。

拓展训练题
记录

简述教材将米思齐操作界面分成几大功能区，并对各功能区进行简单介绍。

6S 现场管理			
序号	操作步骤	完成情况	备注
1	建立安全操作环境	已完成☐　未完成☐	
2	清理及整理工具量具	已完成☐　未完成☐	
3	清理及复原设备正常状况	已完成☐　未完成☐	
4	清理场地	已完成☐　未完成☐	
5	物品回收和环保	已完成☐　未完成☐	
6	完善和检查工单	已完成☐　未完成☐	

评价反馈

1. 各组代表展示汇报 PPT，介绍任务的完成过程。

2. 以小组为单位，对各组的操作过程与操作结果进行自评和互评，并将结果填入综合评价表中的小组评价部分。

3. 教师对学生工作过程与工作结果进行评价，并将评价结果填入综合评价表中的教师评价部分。

综合评价表

姓名		学号		班级		组别	
实训任务							
评价项目		评价标准			分值		得分
小组评价	计划决策	制定的工作方案合理可行，小组成员分工明确			10		
	任务实施	能够下载正确的米思齐软件版本			10		
		能够完成米思齐软件的安装			20		
		能够识别米思齐软件各界面的功能			20		
	任务达成	能按照工作方案操作，按计划完成工作任务			10		
	工作态度	认真严谨、积极主动、安全生产、文明施工			10		
	团队合作	与小组成员、同学之间能合作交流、协调工作			10		
	6S 管理	完成竣工检验、现场恢复			10		
		小计			100		

（续）

评价项目		评价标准	分值	得分
教师评价	实训纪律	不出现无故迟到、早退、旷课现象，不违反课堂纪律	10	
	方案实施	严格按照工作方案完成任务实施	20	
	团队协作	任务实施过程互相配合，协作度高	20	
	工作质量	能够正确安装米思齐软件，识别米思齐软件各界面的功能	20	
	工作规范	操作规范，三不落地，无意外事故发生	10	
	汇报展示	能准确表达，总结到位，改进措施可行	20	
		小计	100	
综合评分		小组评分 × 50% + 教师评分 × 50%		

总结与反思

（例：学习过程中遇到什么问题→如何解决的 / 解决不了的原因→心得体会）

任务二 实现 LED 的亮与灭

学习目标

- 了解 LED 点亮的原理。
- 了解"输入 / 输出"分类中常见模块的使用。
- 了解"控制"分类中常见模块的使用。
- 能正确使用 LED，设计并上传控制程序实现 LED 闪烁。
- 能根据视频正确完成 LED 闪烁实训。
- 获得多途径检索知识、分析问题以及多元化思考解决问题的方法，形成创新意识。
- 具有良好的团队协作精神和较强的组织沟通能力。
- 具备良好的职业道德，尊重他人劳动，不窃取他人成果。

知识索引

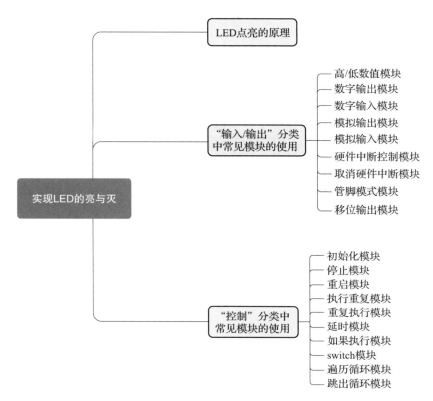

情境导入

　　作为一名 Arduino 工程师的你，现在接到主管安排的一项报警器的安装任务，首先需要实现闪烁灯光的效果来体现警告作用。

获取信息

引导问题 1

　　根据发光二极管的分类类型，完成表 2-2-1。

表 2-2-1　发光二极管分类

分类类型	名称
发光材料	
发光颜色	
功率	

引导问题 2

查看 Arduino UNO 控制板的功能模块，在图 2-2-1 的方框中填入右侧各个模块的名称。

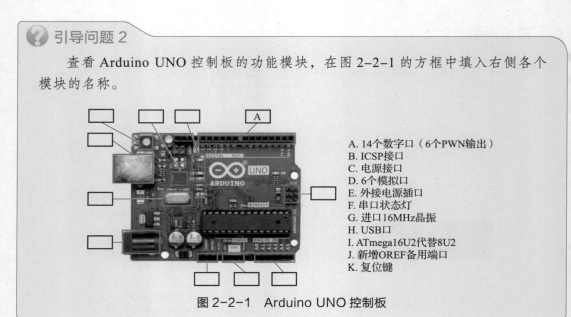

A. 14个数字口（6个PWN输出）
B. ICSP接口
C. 电源接口
D. 6个模拟口
E. 外接电源插口
F. 串口状态灯
G. 进口16MHz晶振
H. USB口
I. ATmega16U2代替8U2
J. 新增OREF备用端口
K. 复位键

图 2-2-1　Arduino UNO 控制板

一、LED 点亮的原理

发光二极管是一种单向导通的发光元件。它有两根引脚分别连接电源正极和负极（图 2-2-2），反接不工作，甚至可能被击穿损毁。LED 被广泛应用于车载电气设备的信号指示灯中，近年来，汽车照明灯光也开始大规模选用一些高功率、高亮度的 LED 作为发光元件。

套件中的 Arduino UNO 控制板通常预装了一个让板载可编程控制指示灯（即标注为 "L" 的贴片封装的发光二极管，简称 "L" 灯，位置如图 2-2-3 所示）闪烁的程序。只要将控制板用 USB 连接线与计算机的 USB 接口相连，这个 LED 就会开始闪烁。

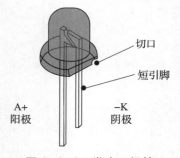

切口
短引脚
A+
阳极
−K
阴极

图 2-2-2　发光二极管

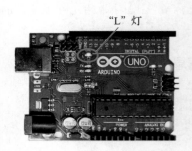

"L" 灯

图 2-2-3　板载 "L" 灯的位置

这个 LED 的负极引脚连接到控制板的 "GND" 管脚，正极引脚则连接到控制板的 13 号管脚。而 "GND" 管脚一直是处于低电位状态的，因此若要点亮 LED，必须让控制板的 13 号管脚处于高电位状态，如图 2-2-4 所示。若 13 号管脚也处于低电位状态，则无电流流经 LED，LED 熄灭。

在米思齐中，可以使用图 2-2-5 所示的数字输出模块控制某个管脚输出高或低电位的状态。

图 2-2-4　LED 发光控制原理

数字输出 管脚 # 〔 0▼ 〕 设为 〔 高▼ 〕

图 2-2-5　数字输出模块控制管脚状态

❓ 引导问题 3

〔 高▼ 〕为_____模块，此时表示芯片相应管脚输出（□高电位　□低电位）。

那么，〔 数字输出 管脚 # 0▼ 设为 高▼ 〕则表示芯片管脚_____输出（□高电位　□低电位）。

❓ 引导问题 4

〔 模拟输出 管脚 # 3▼ 赋值为 0 〕为_____模块，这种模块赋值的参数范围是_____，此时表示芯片管脚_____输出的电压值为_____V，假设要让该管脚输出电压为 5V，则应赋值为_____。

❓ 引导问题 5

〔 ShiftOut 数据管脚 # 2▼ 时钟管脚 # 4▼ 顺序 低位先入▼ 数值 0 〕为_____模块，此时表示数据管脚_____和时钟管脚_____，按照（□高位先入　□低位先入）顺序输出 0V 电压。

LED 亮与灭的控制主要用到"模块选择区"中"输入 / 输出"与"控制"分类中的模块，所以本节主要对这两个分类中常用的模块进行讲解。

二、"输入 / 输出"分类中常见模块的使用

相对于芯片而言，所有信号无非分为两类，即输入与输出。输入一般指将外部信号发送给芯片进行处理，输出则是芯片对外发送的控制指令。"输入 / 输出"分类中主要包含以下几个模块。

（一）高 / 低数值模块

高 / 低数值模块如图 2-2-6 所示，该模块会产生一个高或低的数值，表示芯片相应管脚输出高电位或低电位。可以通过单击模块中的下拉列表选择高或低。

（二）数字输出模块

数字输出模块如图 2-2-7 所示，该模块可以设置具体的某个管脚输出高电位或低

电位。在该模块中，可以通过下拉列表选取对应的管脚编号，在管脚编号右侧的下拉列表中则可以选择将该管脚设置为"高"或"低"的输出状态。

图 2-2-6　高 / 低数值模块　　　　　图 2-2-7　数字输出模块

（三）数字输入模块

数字输入模块如图 2-2-8 所示，该模块能够获取对应管脚外部输入的电位状态，并返回高或低的值。在这个模块中，可以通过改变下拉列表中的编号设置对应的管脚。

（四）模拟输出模块

模拟输出模块如图 2-2-9 所示，该模块会从所设置的管脚，通过 PWM 的形式输出一个特定的电压值。同样，单击下拉列表箭头可以选择管脚号。赋值的参数范围是0~255，当设置为 0 时，输出电压值为 0V；设置为 255 时，输出电压是 5V；输入其他中间值时则在 0~5V 的范围内按比例输出对应的电压值。

图 2-2-8　数字输入模块　　　　　图 2-2-9　模拟输出模块

（五）模拟输入模块

模拟输入模块如图 2-2-10 所示，该模块能够获取对应管脚输入的电压值，单击下拉列表可以选择对应的管脚号。使用该模块后，Arduino 控制板可以将所获取的电压值转换为一个取值范围是 0~1023 的整数，输入电压为 0V 时对应转换数值为 0，5V 时对应转换数值为 1023。

（六）硬件中断控制模块

硬件中断控制模块如图 2-2-11 所示，该模块能够在所设置管脚的电位发生变化时产生一个中断，并开始执行其所包含的语句块。对于 Arduino UNO 控制板来说，该模块可选管脚只有 2 号和 3 号。单击模式下拉列表可选多种触发模式，包括上升、下降或变化，分别对应电位上升时触发、电位下降时触发以及电位变化（上升或下降）时触发。

图 2-2-10　模拟输入模块　　　　　图 2-2-11　硬件中断控制模块

（七）取消硬件中断模块

取消硬件中断模块如图 2-2-12 所示，该模块可以取消中断控制模块所设置的中断功能。

（八）管脚模式模块

管脚模式模块如图 2-2-13 所示，该模块可以设置某个管脚的模式为输入或输出。

图 2-2-12　取消硬件中断模块　　　　图 2-2-13　管脚模式模块

（九）移位输出模块

移位输出模块如图 2-2-14 所示，该模块需要设置数据管脚和时钟管脚的编号，并能在顺序下拉列表选择"高位先入"或"低位先入"。数值框内填写的数值将通过控制板对应的数据管脚输出。

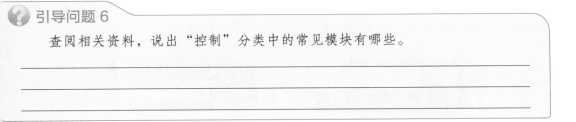

图 2-2-14　移位输出模块

引导问题 6

查阅相关资料，说出"控制"分类中的常见模块有哪些。

_____

_____

_____

引导问题 7

程序构建区内的模块是直接运行在 loop 函数中的，如果有些模块在执行程序时不需要循环运行，那么需要将这些模块放入初始化模块内。（□正确　□错误）

引导问题 8

如果执行模块属于选择结构的一种，先根据_____进行逻辑判断，如果符合判断条件，则进入_____。

三、"控制"分类中常见模块的使用

（一）初始化模块

因为程序构建区内的模块是直接运行在 loop 函数中的，如果有些模块在执行程序时不需要循环运行，那么需要将这些模块放入初始化模块内，初始化模块如图 2-2-15 所示。

（二）停止模块

停止模块如图 2-2-16 所示，该模块能够停止正在执行的程序。

（三）重启模块

重启模块如图 2-2-17 所示，该模块能够让程序实现重新启动，从头再次运行程序。

图 2-2-15　初始化模块　　图 2-2-16　停止模块　　图 2-2-17　重启模块

（四）执行重复模块

执行重复模块如图 2-2-18 所示，该模块属于循环结构的一种，先执行拼接入执行部分内的模块，然后再根据重复条件判断是否继续重复执行这些模块。

（五）重复执行模块

重复执行模块如图 2-2-19 所示，该模块属于循环结构的一种，先判断重复条件，如果满足则进入执行部分的模块，如果不满足则退出该循环。

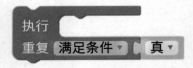　　　　　　

图 2-2-18　执行重复模块　　　　图 2-2-19　重复执行模块

（六）延时模块

延时模块如图 2-2-20 所示，该模块能够让程序暂停，并保持暂停前的状态一段时间。时长单位可选"毫秒"或"微秒"，1s=1000ms=1000000μs。

图 2-2-20　延时模块

（七）如果执行模块

如果执行模块如图 2-2-21 所示，该模块属于选择结构的一种，先根据如果部分的模块进行逻辑判断，如果符合判断条件，则进入执行部分的模块。该模块可以通过单击左上角的齿轮图标弹出图 2-2-22 所示的设置选项框，拖动左侧灰色区域图标到右侧，可以改变如果执行模块的设置，如图 2-2-23 所示。

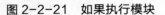　　　　

图 2-2-21　如果执行模块　　图 2-2-22　如果执行模块的设置选项框

如此更改设置后的选择结构的运行逻辑也相应地变为图 2-2-24 所示的逻辑。

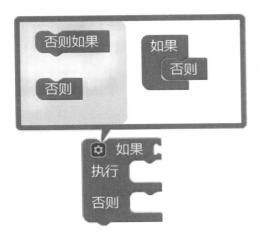

图 2-2-23　更改设置后的如果执行模块

图 2-2-24　改变后的选择结构运行逻辑

（八）switch 模块

switch 模块如图 2-2-25 所示，该模块属于选择结构的一种，一般用于多分支的选择结构中。单击其左上角的齿轮按钮可以设置选择分支（比如将灰色区域的 case 或 default 模块拖动到右侧白色区域相应位置），switch 模块会根据设置情况实时显示修改后的结构，如图 2-2-26 所示。

图 2-2-25　switch 模块

使用 switch 模块后的多分支选择结构的程序流程图如图 2-2-27 所示，其中 P 为判断条件，若判断结果是"a"，则进入执行 A 事件；若判断结果是"b"，则进入执行 B 事件；当判断结果不是"a"也不是"b"时，则默认进入执行 C 事件。

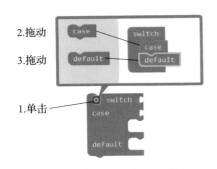

图 2-2-26　switch 模块的设置

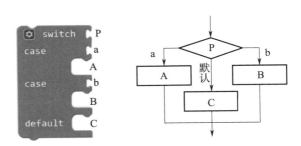

图 2-2-27　多分支选择结构的程序流程图

（九）遍历循环模块

遍历循环模块如图 2-2-28 所示，该模块可以控制循环次数。如图 2-2-29 所示，这个模块按照遍历步长，计算从初始值到目标值的行进次数，而这个行进次数就是模块执行内容的循环次数。例如：步长为 1 时，从初始值 0 到目标值 10 共需行进 10 次，所以这个时候执行的循环次数就是 10 次；如果步长为 2，从初始值 0 到目标值 10 只需行进 5 次，这时执行的循环次数就变为 5 次，以此类推。

图 2-2-28　遍历循环模块　　　　图 2-2-29　遍历循环模块各设置项

（十）跳出循环模块

跳出循环模块如图 2-2-30 所示，该模块可以跳出其所在循环结构，多用于程序调试。

图 2-2-30　跳出循环模块

⚠ 注意：通过上述介绍，我们可以看到每个模块都不是规整的矩形，有一些是凸起，有一些是凹入。一般情况下，上方是三角形的凹入，下方是三角形的凸起，左侧是拼图式的凸起，右侧是拼图式的凹入，但拼接完成的程序一般应该是左侧没有凸起，右侧没有凹入。

🏛 任务分组

学生任务分配表

班级				组号			指导老师	
组长				学号				
组员	姓名：＿＿＿		学号：＿＿＿		姓名：＿＿＿		学号：＿＿＿	
	姓名：＿＿＿		学号：＿＿＿		姓名：＿＿＿		学号：＿＿＿	
	姓名：＿＿＿		学号：＿＿＿		姓名：＿＿＿		学号：＿＿＿	
	姓名：＿＿＿		学号：＿＿＿		姓名：＿＿＿		学号：＿＿＿	
任务分工								

📋 工作计划

❓ 引导问题 9

获取实现 LED 闪烁的实训相关要求。需要计算机的操作系统为＿＿＿＿＿＿，因此需配置的软件为＿＿＿＿＿＿。

引导问题 10

　　扫描二维码观看 LED 闪烁实训视频，并结合获取到的相关信息、前面所学习到的知识及小组讨论的结果，制定工作方案并填写工作计划表。

图形化编程实现 LED 闪烁

工作计划表

步骤	作业内容	负责人
1		
2		
3		
4		
5		
6		

进行决策

　　1. 各组派代表阐述资料查询结果。

　　2. 各组就各自的查询结果进行交流，并分享技巧。

　　3. 教师结合各组的完成情况进行点评，选出最佳方案。

任务实施

　　1. 按照引导问题 10 右侧视频操作，完成 LED 闪烁实训，并完成工单。

LED 闪烁
记录

1. LED 被点亮时处于什么电位，熄灭时处于什么电位？

_____

_____

_____

2. LED 被点亮和熄灭停留的时间各为多少？

_____

_____

_____

3. 简述 LED 闪烁的控制逻辑。

_____

_____

_____

拓展训练

　　尝试应用 Arduino 图形化编程软件，编写并上传控制程序实现板载 "L" 灯常亮。

　　2. 根据知识点内容进行拓展训练，并填写工单。

拓展训练题
记录

1. 请对实现板载 "L" 灯常亮的图形语言进行解释。

_____

_____

_____

2. 若要检测 "L" 灯状态，应使用万用表测量 "L" 灯连接到 Arduino UNO 控制板 0~13 管脚的哪个管脚？简述测量过程。

_____

_____

_____

_____

6S 现场管理			
序号	操作步骤	完成情况	备注
1	建立安全操作环境	已完成□　未完成□	
2	清理及整理工具量具	已完成□　未完成□	
3	清理及复原设备正常状况	已完成□　未完成□	
4	清理场地	已完成□　未完成□	
5	物品回收和环保	已完成□　未完成□	
6	完善和检查工单	已完成□　未完成□	

引导问题 11

　　完成上传控制程序实现 LED 闪烁，并完成控制相关变量，填写控制代码。

_____

_____

_____

评价反馈

　　1. 各组代表展示汇报 PPT，介绍任务的完成过程。
　　2. 以小组为单位，对各组的操作过程与操作结果进行自评和互评，并将结果填入综合评价表中的小组评价部分。

3. 教师对学生工作过程与工作结果进行评价，并将评价结果填入综合评价表中的教师评价部分。

综合评价表

姓名		学号		班级		组别	
实训任务							
评价项目		评价标准			分值	得分	
小组评价	计划决策	制定的工作方案合理可行，小组成员分工明确			10		
	任务实施	能够正确完成 Arduino 控制板线路连接			10		
		能正确使用 LED			20		
		能够设计并运行程序实现 LED 闪烁效果			20		
	任务达成	能按照工作方案操作，按计划完成工作任务			10		
	工作态度	认真严谨、积极主动、安全生产、文明施工			10		
	团队合作	与小组成员、同学之间能合作交流、协调工作			10		
	6S 管理	完成竣工检验、现场恢复			10		
	小计				100		
教师评价	实训纪律	不出现无故迟到、早退、旷课现象，不违反课堂纪律			10		
	方案实施	严格按照工作方案完成任务实施			20		
	团队协作	任务实施过程互相配合，协作度高			20		
	工作质量	能够正确完成线路连接，设计并运行程序实现 LED 闪烁效果			20		
	工作规范	操作规范，三不落地，无意外事故发生			10		
	汇报展示	能准确表达，总结到位，改进措施可行			20		
	小计				100		
综合评分	小组评分 ×50% + 教师评分 ×50%						
总结与反思							

（例：学习过程中遇到什么问题→如何解决的 / 解决不了的原因→心得体会）

任务三　完成串口监视器的使用

学习目标

- 了解串行通信和并行通信的定义。
- 了解串口监视器的定义。
- 熟悉串口监视器常用的功能模块。
- 熟悉串口监视器的启动方式。
- 能正确设计并上传控制程序实现 LED 的亮与灭，使 LED 灯闪烁。
- 能正确启动串口监视器并读取数据。
- 能根据视频正确完成 LED 闪烁实训，并用串口监视器观察。
- 获得多途径检索知识、分析问题以及多元化思考解决问题的方法，形成创新意识。
- 具有良好的团队协作精神和较强的组织沟通能力。
- 具备良好的职业道德，尊重他人劳动，不窃取他人成果。

知识索引

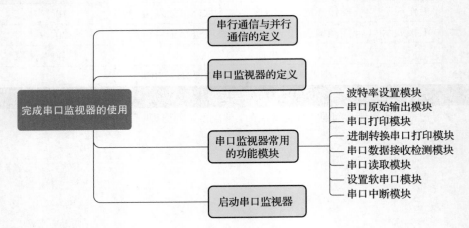

情境导入

　　作为 Arduino 工程师的你，在完成 LED 闪烁实训后，主管又对你有了新的要求，即需要知道闪烁的具体时间，这时的你需要使用串口监视器来监控代码运行时闪烁时间的数值。

获取信息

?) 引导问题 1

　　串行通信和并行通信之间的区别是什么？

_____

_____

_____

?) 引导问题 2

　　_____就是采用了串行通信的一个人机交互窗口，它通过串行通信把指令发送给 Arduino 控制板或把控制板反馈的信息显示到计算机端的监视器窗口。

?) 引导问题 3

　　查看 Arduino UNO 控制板的功能模块，在图 2-3-1 中标出串行通信是通过_____号和_____号两个管脚实现的。

图 2-3-1　Arduino UNO 控制板

?) 引导问题 4

　　所谓串行通信是指（　　　）。

　　A. 数据以字节传送的方式　　　　B. 数据的各位逐位依次传送的方式

　　C. 数据以二进制传送的方式　　　D. 数据以十进制传送的方式

一、串行通信与并行通信的定义

　　计算机与周边设备的通信方式通常分串行与并行两种。并行通信可以让数据通过多条通道同步传输，通信速度更快（比如显卡与主板之间的通信）；串行通信则是数据排队在单条通道内逐个传输，传输速度稍慢（比如鼠标与计算机之间的通信），如图 2-3-2 所示。

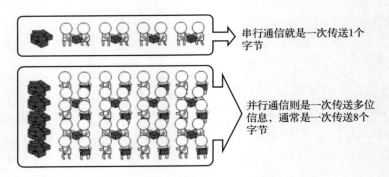

串行通信就是一次传送1个字节

并行通信则是一次传送多位信息，通常是一次传送8个字节

图 2-3-2　串行通信与并行通信

二、串口监视器的定义

如图 2-3-3 所示，对于 Arduino UNO 控制板，串行通信是通过 0 号和 1 号两个管脚实现的。这两个管脚同时也跟 USB 转串口芯片（通常为 ATmega16U2 或 CH340）相连，该芯片的另一端通过 USB 线束与计算机相连，从而让 Arduino 控制板与计算机之间实现通信。

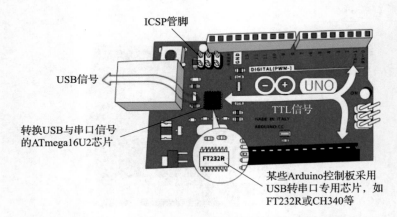

ICSP管脚

USB信号

转换USB与串口信号的ATmega16U2芯片

TTL信号

某些Arduino控制板采用USB转串口专用芯片，如FT232R或CH340等

图 2-3-3　Arduino UNO 控制板的串行通信方式

串口监视器是运行在计算机上的，它采用了串行通信的一个人机交互窗口，通过串行通信把指令发送给 Arduino 控制板或把控制板反馈的信息显示到计算机端的监视器窗口，如图 2-3-4 所示。

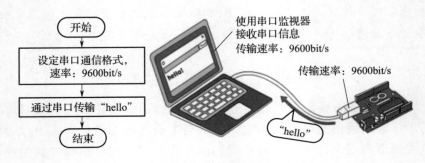

开始

设定串口通信格式，速率：9600bit/s

通过串口传输 "hello"

结束

使用串口监视器接收串口信息传输速率：9600bit/s

传输速率：9600bit/s

"hello"

图 2-3-4　串口监视器

引导问题 5

串口打印模块选项主要决定了打印完相应内容后会不会换行。
（□正确　□错误）

引导问题 6

串口中断模块的功能是当串口接收缓冲区有数据时，触发该事件。但串口中断并非真正意义上的实时中断，通常是每执行完一遍 loop 循环后才检查串口缓冲区一次。（□正确　□错误）

引导问题 7

串口监视器常用的功能模块有哪些？

_____

_____

_____

引导问题 8

串口读取模块用于读取串口接收到的数据。该模块只可以按照字符串的形式读取，不可以按照字节来读取。（□正确　□错误）

三、串口监视器常用的功能模块

要想使用串口监视器的功能，需要用到"串口"分类中的一些模块。串口分类中常用的一些模块如下。

（一）波特率设置模块

波特率设置模块如图 2-3-5 所示，该模块可以设置串口通信的波特率。串口监视器的通信波特率一般可设置为 110、300、600、1200、2400、4800、9600、19200、28800、38400、43000、56000、57600、74800、115200、128000、256000 等值。要注意此处设置的波特率与后面启动 串口监视器后设置的波特率必须保持一致。

（二）串口原始输出模块

串口原始输出模块如图 2-3-6 所示，该模块可以将数据以字节形式显示到串口监视器中。

图 2-3-5　波特率设置模块　　　　图 2-3-6　串口原始输出模块

（三）串口打印模块

串口打印模块如图 2-3-7 所示，该模块可选"不换行"或"自动换行"。这个选项主要决定了打印完相应内容后会不会换行。如果程序对应设置了循环打印，建议选择"自动换行"，以便更清晰地展示每轮循环所打印的内容。

（四）进制转换串口打印模块

进制转换串口打印模块如图 2-3-8 所示，该模块可选"不换行"或"自动换行"，还可选"十六进制""二进制""八进制"以及"十进制"。选择不同选项，串口监视器中可获得不同的显示内容。

图 2-3-7　串口打印模块　　　　图 2-3-8　进制转换串口打印模块

（五）串口数据接收检测模块

串口数据接收检测模块如图 2-3-9 所示，该模块用于检测串口是否接收到数据，一般配合对应的条件判断模块使用。

（六）串口读取模块

串口读取模块如图 2-3-10 所示，图中的两个模块都是用于读取串口接收到的数据，但是第一个模块是按照字符串的形式读取，第二个模块则是按照字节来读取。

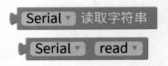

图 2-3-9　串口数据接收检测模块　　　图 2-3-10　串口读取模块

（七）设置软串口模块

设置软串口模块如图 2-3-11 所示，该模块用于定义软串口的接收管脚（RX）和发送管脚（TX）。

（八）串口中断模块

串口中断模块如图 2-3-12 所示，该模块的功能是当串口接收缓冲区有数据时，触发该事件。但串口中断并非真正意义上的实时中断，通常是每执行完一遍 loop 循环后才检查串口缓冲区一次。

图 2-3-11　设置软串口模块　　　　图 2-3-12　串口中断模块

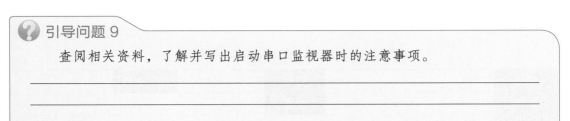

引导问题 9

查阅相关资料，了解并写出启动串口监视器时的注意事项。

_____

_____

_____

四、启动串口监视器

如图 2-3-13 所示，可以通过单击"系统功能区"中的"串口监视器"图标启动串口监视器。

串口监视器

图 2-3-13　启动串口监视器

打开串口监视器后，切记要将串口通信波特率设置成程序中定义的值，如图 2-3-14 所示。如果设置错误，串口监视器将显示乱码。

图 2-3-14　设置串口监视器中的波特率

任务分组

学生任务分配表

班级		组号		指导老师	
组长		学号			
组员	姓名：_____ 学号：_____ 姓名：_____ 学号：_____ 姓名：_____ 学号：_____ 姓名：_____ 学号：_____		姓名：_____ 学号：_____ 姓名：_____ 学号：_____ 姓名：_____ 学号：_____ 姓名：_____ 学号：_____		
任务分工					

工作计划

引导问题 10

了解控制程序的编写及上传流程，讲述自己了解到的内容。

_____

_____

_____

引导问题 11

扫描二维码，观看通过串口监视器监视 LED 闪烁时间的视频，并结合获取到的相关信息、前面所学习到的知识及小组讨论的结果，制定工作方案，并填写工作计划表。

图形化编程实现串口监视器的应用

工作计划表

步骤	作业内容	负责人
1		
2		
3		
4		
5		
6		
7		
8		

进行决策

1. 各组派代表阐述资料查询结果。
2. 各组就各自的查询结果进行交流，并分享技巧。
3. 教师结合各组的完成情况进行点评，选出最佳方案。

任务实施

1. 按照引导问题 11 右侧的视频操作，完成 LED 闪烁变量监视实训，并完成工单。

LED 闪烁变量监视
记录

1. delayTime 最初的赋值是多少？

2. 每经过 1 轮循环，LED 亮与灭停留的时间增加多少？

3. 经过 5 轮循环后，delayTime 为多少？

4. 描述 LED 闪烁变量的循环函数的逻辑。

2. 根据知识点内容进行拓展训练，并填写工单。

拓展训练

尝试应用 Arduino 图形化编程软件，编写并上传控制程序实现板载 "L" 灯刚开始以点亮 2s，熄灭 2s 的频率闪烁，然后每次减少 100ms 间隔时间，逐步提高频率。同时，观察板载 "L" 灯最终的状态，并说明理由。

拓展训练题
记录

1. delayTime 属于哪种类型的变量？最初的赋值是多少？每次减少多少？

_____

_____

_____

2. 经过 10 轮循环后，delayTime 的值为多少？

_____

_____

_____

_____

6S 现场管理			
序号	操作步骤	完成情况	备注
1	建立安全操作环境	已完成☐　未完成☐	
2	清理及整理工具量具	已完成☐　未完成☐	
3	清理及复原设备正常状况	已完成☐　未完成☐	
4	清理场地	已完成☐　未完成☐	
5	物品回收和环保	已完成☐　未完成☐	
6	完善和检查工单	已完成☐　未完成☐	

引导问题 12

　　完成上传控制程序，打开串口监视器并读取数据，填写控制代码并进行控制程序解析。

_____

_____

_____

评价反馈

　　1. 各组代表展示汇报 PPT，介绍任务的完成过程。

　　2. 以小组为单位，对各组的操作过程与操作结果进行自评和互评，并将结果填入综合评价表中的小组评价部分。

　　3. 教师对学生工作过程与工作结果进行评价，并将评价结果填入综合评价表中的教师评价部分。

综合评价表

姓名		学号		班级		组别	
实训任务							

评价项目		评价标准	分值	得分
小组评价	计划决策	制定的工作方案合理可行，小组成员分工明确	10	
	任务实施	能正确设计并上传控制程序实现 LED 的亮与灭，使 LED 闪烁	20	
		掌握波特率的配对方法	20	
		能正确打开串口监视器并读取数据	10	
	任务达成	能按照工作方案操作，按计划完成工作任务	10	
	工作态度	认真严谨、积极主动、安全生产、文明施工	10	
	团队合作	与小组成员、同学之间能合作交流、协调工作	10	
	6S 管理	完成竣工检验、现场恢复	10	
		小计	100	
教师评价	实训纪律	不出现无故迟到、早退、旷课现象，不违反课堂纪律	10	
	方案实施	严格按照工作方案完成任务实施	20	
	团队协作	任务实施过程互相配合，协作度高	20	
	工作质量	能正确设计并上传控制程序实现 LED 的亮与灭，使 LED 闪烁	20	
	工作规范	操作规范，三不落地，无意外事故发生	10	
	汇报展示	能准确表达，总结到位，改进措施可行	20	
		小计	100	
综合评分		小组评分 ×50% + 教师评分 ×50%		
总结与反思				

（例：学习过程中遇到什么问题→如何解决的 / 解决不了的原因→心得体会）

任务四　实现 LED 闪烁变量变化

学习目标

- 了解变量的定义与赋值。
- 了解"变量"分类中部分主要模块。
- 了解"数学"分类中部分主要模块。
- 能正确地给变量赋值。
- 能正确使用"变量"分类和"数学"分类中的主要模块。
- 能正确设计并上传控制程序实现 LED 的亮与灭，使 LED 闪烁。
- 能根据视频正确实现 LED 闪烁时间不断变化，并使用串口监视器观察。
- 获得多途径检索知识、分析问题以及多元化思考解决问题的方法，形成创新意识。
- 具有良好的团队协作精神和较强的组织沟通能力。
- 具备良好的职业道德，尊重他人劳动，不窃取他人成果。

知识索引

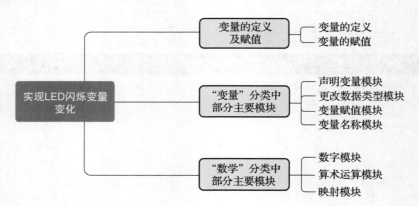

情境导入

　　身为 Arduino 工程师的你，在使用串口监视器监控到 LED 闪烁时间后，主管又有了新的要求，他希望你能使 LED 闪烁的时间发生改变。

获取信息

引导问题 1

在编程中，变量通常用来表示一个存放数据的内存单元，那么什么是变量的赋值？

_____

_____

_____

一、变量的定义及赋值

（一）变量的定义

变量的概念来源于数学，是计算机语言中能储存计算结果或者能表示某些值的一种抽象概念，在编程中，变量通常用来表示一个存放数据的内存单元。

（二）变量的赋值

将一个数放到一个变量中，这个过程叫"赋值"。"赋"即给予的意思，所以，给变量赋值意思就是将一个值传给一个变量。如图 2-4-1 所示，变量可以看成是一个可以装载数值或字符的箱子，数据类型可以看成是这个箱子的尺寸规格，往箱子里装东西的过程就是赋值的过程，在这个图示的案例中，变量的名称是"a"，变量的值是"2"。

图 2-4-1　变量的赋值

引导问题 2

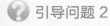 变量赋值模块可以对变量进行赋值。如果变量有初始值，使用该模块后变量将被赋予一个新值取代原有值。（□正确　□错误）

引导问题 3

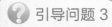 声明变量模块可以选择变量作用范围是_____还是_____，此外还能_____、_____以及_____。变量的名称一般要跟变量的含义相关，方便后续查阅代码时理解。

引导问题 4

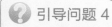 更改数据类型模块只能将右侧连接的数据的类型转化为整数。（□正确　□错误）

二、"变量"分类中部分主要模块

本任务中需要使用到"变量"分类中的部分模块，下面先简单介绍一下"变量"分类中经常使用的一些模块。

（一）声明变量模块

声明变量模块如图 2-4-2 所示，该模块可以选择变量作用范围是"全局变量"还是"局部变量"，此外还能定义变量的名称、类型并赋初始值。变量的名称一般要跟变量的含义相关，方便后续查阅代码时理解。

（二）更改数据类型模块

更改数据类型模块如图 2-4-3 所示，该模块可以将右侧连接的数据的类型转化为整数或其他用户选择的数据类型（可通过下拉列表选择转化后的数据类型）。

图 2-4-2　声明变量模块　　　　　　　　图 2-4-3　更改数据类型模块

（三）变量赋值模块

变量赋值模块如图 2-4-4 所示，该模块可以对变量进行赋值。如果变量有初始值，使用该模块后变量将被赋予一个新值取代原有值。

（四）变量名称模块

变量名称模块如图 2-4-5 所示，该模块表示变量名称，可以将该模块插入对应的地方调用该变量。

图 2-4-4　变量赋值模块　　　图 2-4-5　变量名称模块

引导问题 5

已知映射模块如下图所示。

由此可知该变量的取值范围从_____映射成_____。

三、"数学"分类中部分主要模块

在这个任务里，还将用到"数学"分类中的部分主要模块。

（一）数字模块

数字模块如图 2-4-6 所示，该模块表示一个具体的数值，可以是整数（int）或小数（float）类型。

（二）算术运算模块

算术运算模块如图 2-4-7 所示，该模块可以通过单击下拉列表选择合适的运算符，使前后两个数值进行算术运算，包含相加、相减、相乘和相除等。

图 2-4-6　数字模块　　　图 2-4-7　算术运算模块

（三）映射模块

映射模块如图 2-4-8 所示，该模块可以在空格中填入一个变量名称，并将该变量的取值范围从前半部分映射成后半部分所指的范围。

图 2-4-8　映射模块

📖 拓展阅读

在能力模块二的学习过程中，我们了解到一个非常重要的功能，即利用串口监视器来观察 Arduino 数据通信传输内容。在这个功能的实现过程中，有一个非常关键的步骤，即调整通信双方到同样的波特率，那到底什么是波特率呢，为什么需要调整到相同波特率呢？我们一起来看看吧。

在电子通信领域，波特（Baud）即调制速率，指的是有效数据信号调制载波的速率，即单位时间内载波调制状态变化的次数。波特率表示单位时间内传送的码元符号的个数，它是对符号传输速率的一种度量，简单来说，波特率就是指单位时间（1s）传输携带数据信息的码元符号的位数。波特率越大，码元传输速率越快。

举个例子，如果小明需要设计串口传输速率（波特率）为 9600bit/s，那么实际情况中每一秒究竟可以传输多少字节呢？一字节数据包括起始位 1 位、数据位 8 位、停止位 1 位、校验位 0 位，共 10 位，因此传输 1 字节数据，需要 10bit。波特率为 9600 表示每一秒传输 9600 位（bit），经计算，（常规）串口波特率为 9600 时每秒传输 960 字节。

在通信传输之前，只有波特率一致才能保证接收方和发送方获取同样的数据，就像两个人以相同速度跑步，步伐一致，就能保持相对静止的状态，相对稳定，之间的对话才能够顺利进行，反之，速度不匹配就可能导致交流存在不确定性。同样，对于通信系统而言，当通信双方都设置成相同波特率时，才更有助于完成数据的传输，提升传输的成功率。

任务分组

学生任务分配表

班级			组号		指导老师	
组长			学号			
组员	姓名：_____ 学号：_____			姓名：_____ 学号：_____		
	姓名：_____ 学号：_____			姓名：_____ 学号：_____		
	姓名：_____ 学号：_____			姓名：_____ 学号：_____		
	姓名：_____ 学号：_____			姓名：_____ 学号：_____		
任务分工						

工作计划

引导问题 6

在进行 LED 闪烁变量变化的实训时，需要注意哪些事项？

_____

_____

_____

引导问题 7

扫描二维码，观看 LED 闪烁变量变化的视频，并结合获取到的相关信息、前面所学习到的知识及小组讨论的结果，制定工作方案并填写工作计划表。

图形化编程实现变量的应用

工作计划表

步骤	作业内容	负责人
1		
2		
3		
4		
5		
6		
7		
8		

进行决策

1. 各组派代表阐述资料查询结果。
2. 各组就各自的查询结果进行交流，并分享技巧。
3. 教师结合各组的完成情况进行点评，选出最佳方案。

任务实施

按照引导问题 7 右侧视频操作，完成 LED 闪烁变量变化实训，并完成工单。

LED 闪烁变量变化的实现
记录

1. 该程序的波特率是多少？
_____
_____

2. 波特率匹配的条件是什么？如何匹配？
_____
_____

3. 串口监视器的作用是什么？
_____
_____

4. 经过 5 轮循环后，delayTime 为多少？
_____
_____

引导问题 8

完成上传程序实现 LED 闪烁变量的变化，并完成控制相关变量，填写控制代码。
_____
_____
_____

评价反馈

1. 各组代表展示汇报 PPT，介绍任务的完成过程。
2. 以小组为单位，对各组的操作过程与操作结果进行自评和互评，并将结果填入综合评价表中的小组评价部分。
3. 教师对学生工作过程与工作结果进行评价，并将评价结果填入综合评价表中的教师评价部分。

综合评价表

姓名		学号		班级		组别	
实训任务							

评价项目		评价标准	分值	得分
小组评价	计划决策	制定的工作方案合理可行，小组成员分工明确	10	
	任务实施	通过上网查阅资料，整理变量在程序中如何运用	10	
		能正确使用"变量"分类和"数学"分类中的主要模块	20	
		能正确设计并上传控制程序实现 LED 的亮与灭，使 LED 闪烁	20	
	任务达成	能按照工作方案操作，按计划完成工作任务	10	
	工作态度	认真严谨、积极主动、安全生产、文明施工	10	
	团队合作	与小组成员、同学之间能合作交流、协调工作	10	
	6S 管理	完成竣工检验、现场恢复	10	
	小计		100	
教师评价	实训纪律	不出现无故迟到、早退、旷课现象，不违反课堂纪律	10	
	方案实施	严格按照工作方案完成任务实施	20	
	团队协作	任务实施过程互相配合，协作度高	20	
	工作质量	能正确使用"变量"分类和"数学"分类中的主要模块	20	
	工作规范	操作规范，三不落地，无意外事故发生	10	
	汇报展示	能准确表达，总结到位，改进措施可行	20	
	小计		100	
综合评分		小组评分 × 50% + 教师评分 × 50%		

总结与反思

（例：学习过程中遇到什么问题→如何解决的/解决不了的原因→心得体会）

能力模块三
掌握 Arduino 文本编程 的应用

 任务一　安装 Arduino IDE

学习目标

- 了解 Arduino IDE 的常用配置。
- 了解 Arduino IDE 的安装使用说明。
- 掌握 Arduino IDE 的下载方式。
- 能够完成 Arduino IDE 的下载。
- 能在不同操作系统中正确安装 Arduino IDE。
- 能正确区分 Arduino IDE 的不同版本。
- 获得多途径检索知识、分析问题以及多元化思考解决问题的方法，形成创新意识。
- 具有良好的团队协作精神和较强的组织沟通能力。
- 具备良好的职业道德，尊重他人劳动，不窃取他人成果。

知识索引

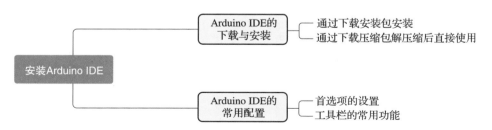

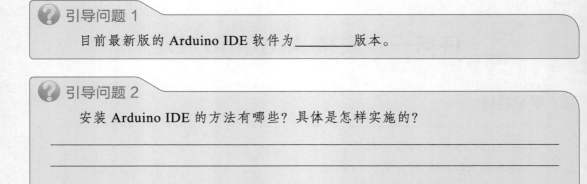

情境导入

作为一名 Arduino 工程师，不能只会使用图形化的编程软件，文本类的编程软件也需要熟悉掌握，主管要求你先进行 Arduino IDE 的下载与安装，熟悉软件的使用。

获取信息

引导问题 1

目前最新版的 Arduino IDE 软件为＿＿＿＿＿＿＿版本。

引导问题 2

安装 Arduino IDE 的方法有哪些？具体是怎样实施的？

_____

_____

_____

一、Arduino IDE 的下载与安装

Arduino IDE 使用之前需要安装（Arduino IDE 软件），本书中安装的 Arduino IDE 软件为 1.8.13 版本。下载网址为：http://www.arduino.cc/en/software，打开后的页面如图 3-1-1 所示。

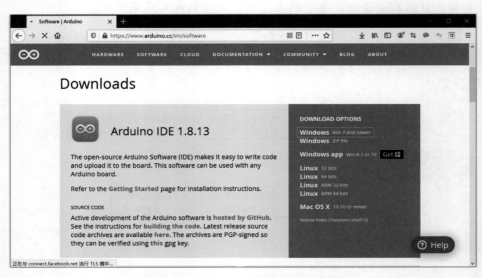

图 3-1-1　Arduino IDE 官方下载网站

（一）通过下载安装包安装

第一种方法是直接单击 "Windows Win 7 and newer，64 bits" 下载安装包，然后双击下载好的文件安装 Arduino IDE，安装好后双击桌面的快捷方式进入 Arduino IDE。

（二）通过下载压缩包解压缩后直接使用

第二种方法是单击 "Windows Zip file" 下载压缩包，解压缩后，进入 "arduino-1.8.13" 文件夹，然后双击 Arduino IDE 的启动图标，如图 3-1-2 所示。

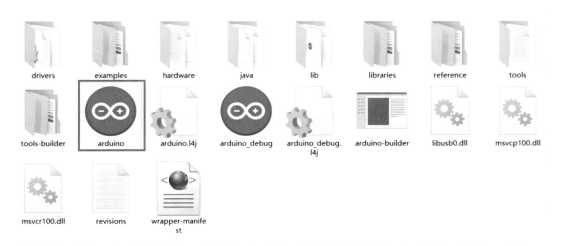

图 3-1-2　Arduino IDE 启动图标

❓ 引导问题 3

首选项的设置方法。新版本的 Arduino IDE 默认使用操作系统预设语言作为编辑器语言。在老版本的 Arduino IDE 中，可以通过在菜单栏单击＿＿＿＿＿＿，选择＿＿＿＿＿＿，在弹出的 "首选项" 窗口中，找到＿＿＿＿＿＿，并在下拉列表中选定编辑器语言，如 "简体中文（Chinese Simplified）"。然后单击窗口下方的 "好" 按钮，并重启 Arduino IDE，才能生效。

❓ 引导问题 4

在 "首选项" 窗口还可以完成多种设定，常用的设定如下。

1）项目文件夹位置：＿＿＿＿＿＿＿＿＿＿＿＿＿＿＿＿＿＿＿＿＿＿＿＿＿。

2）编辑器语言：＿＿＿＿＿＿＿＿＿＿＿＿＿＿＿＿＿＿＿＿＿＿＿＿＿＿＿。

3）编辑器字体大小：＿＿＿＿＿＿＿＿＿＿＿＿＿＿＿＿＿＿＿＿＿＿＿＿＿。

4）界面缩放：＿＿＿＿＿＿＿＿＿＿＿＿＿＿＿＿＿＿＿＿＿＿＿＿＿＿＿＿＿。

5）显示行号：＿＿＿＿＿＿＿＿＿＿＿＿＿＿＿＿＿＿＿＿＿＿＿＿＿＿＿＿＿。

6）启用代码折叠：＿＿＿＿＿＿＿＿＿＿＿＿＿＿＿＿＿＿＿＿＿＿＿＿＿＿＿。

7）启动时检查更新：＿＿＿＿＿＿＿＿＿＿＿＿＿＿＿＿＿＿＿＿＿＿＿＿＿＿。

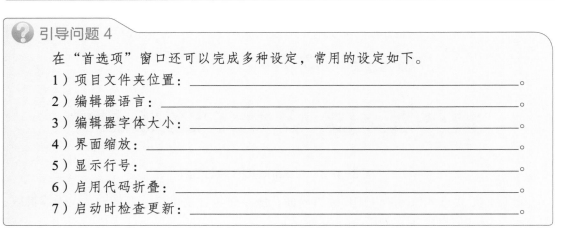

❓ 引导问题 5

　　工具栏显示了开发过程常用功能的快捷按键，请在表 3-1-1 中写出各图标所对应的按键名称及功能。

表 3-1-1　工具栏快捷按键对应名称及功能列表

序号	图标	按键名称	功能
1	✅		
2	➡		
3	📄		
4	⬆		
5	⬇		
6	🔍		

二、Arduino IDE 的常用配置

启动 Arduino IDE，双击 Arduino IDE 图标后，首先出现启动画面，如图 3-1-3 所示。

图 3-1-3　Arduino IDE 启动画面

　　随后，正式进入 Arduino IDE 编辑界面，该界面包含菜单栏、工具栏、代码编辑区、状态栏、调试信息区等，如图 3-1-4 所示。

图 3-1-4　Arduino IDE 编辑界面

相较于 Keil 等其他专业级的开发环境，Arduino IDE 编辑界面非常简洁。但如果需要使用 Arduino 控制板进行大型项目开发，可以选用 Eclipse 等更适合复杂程序的开发环境。

（一）首选项的设置

Arduino IDE 默认使用操作系统预设语言作为编辑器语言。如果是老版本的 IDE，则可以通过以下方法手动修改编辑器语言。在菜单栏单击"文件"，选择"首选项"，在弹出的"首选项"窗口（图 3-1-5）中找到"编辑器语言"或"Editor language"，并在下拉列表中选定编辑器语言，如"简体中文（Chinese Simplified）"。然后单击窗口下方的"好"按钮，并重启 Arduino IDE，才能生效。

图 3-1-5　"首选项"窗口

在"首选项"窗口还可以完成多种设定，常用的设定见表 3-1-2。

表 3-1-2　"首选项"窗口常用设定及操作

常用设定	操作
项目文件夹位置	单击右侧"浏览"按钮可以修改程序默认保存位置（保存路径最好不要有中文字符）
编辑器语言	更改编辑器界面的语言
编辑器字体大小	可以根据个人喜好修改代码编辑区显示字符的大小
界面缩放	可以根据个人喜好调整操作窗口的大小
显示行号	在其左侧方框中打勾后，每行代码左侧都将显示行号
启用代码折叠	在其左侧方框中打勾后，可以在代码编辑区左侧单击"+"或"-"完成代码展开或折叠
启动时检查更新	单击其左侧方框中的勾取消勾选该选项后，每次启动 IDE 可以节省检查更新版本的时间

首选项设置窗口还有一些其他设置，读者可自行探索尝试。

（二）工具栏的常用功能

工具栏显示了开发过程常用功能的快捷按键，见表 3-1-3。

表 3-1-3　工具栏快捷按键对应功能列表

序号	图标	按键名称	功能
1	✓	验证	验证程序编写是否符合语法，并对程序进行编译
2	→	上传	将程序上传到 Arduino 控制板上
3	▤	新建	新建一个项目
4	↑	打开	打开一个项目
5	↓	保存	保存当前项目
6	.○.	串口监视器	打开 Arduino IDE 自带的一个串口监视器程序，用于查看串口传输的数据

任务分组

学生任务分配表

班级		组号		指导老师	
组长		学号			
组员	姓名：_____ 学号：_____ 姓名：_____ 学号：_____ 姓名：_____ 学号：_____ 姓名：_____ 学号：_____		姓名：_____ 学号：_____ 姓名：_____ 学号：_____ 姓名：_____ 学号：_____ 姓名：_____ 学号：_____		
任务分工					

工作计划

引导问题 6

　　扫描二维码观看 Arduino IDE 软件的安装视频，并结合获取到的计算机信息、前面所学习到的知识及小组讨论的结果，制定工作方案，并填写工作计划表。

Arduino IDE
软件的安装

工作计划表

步骤	作业内容	负责人
1		
2		
3		
4		
5		
6		
7		
8		

进行决策

　　1. 各组派代表阐述资料查询结果。

　　2. 各组就各自的查询结果进行交流，并分享技巧。

　　3. 教师结合各组的完成情况进行点评，选出最佳方案。

任务实施

按照引导问题 6 右侧视频操作，完成 Arduino IDE 软件下载，并完成工单。

Arduino IDE 软件下载
记录

1. 简述 Arduino IDE 是什么。

2. Arduino IDE 的下载网站是什么？ Arduino IDE 支持哪些操作系统？

3. 简述下载和安装过程的注意事项。

4. 简单描述 Arduino IDE 的下载和安装步骤。

6S 现场管理			
序号	操作步骤	完成情况	备注
1	建立安全操作环境	已完成□ 未完成□	
2	清理及整理工具量具	已完成□ 未完成□	
3	清理及复原设备正常状况	已完成□ 未完成□	
4	清理场地	已完成□ 未完成□	
5	物品回收和环保	已完成□ 未完成□	
6	完善和检查工单	已完成□ 未完成□	

评价反馈

1. 各组代表展示汇报 PPT，介绍任务的完成过程。

2. 以小组为单位，对各组的操作过程与操作结果进行自评和互评，并将结果填入综合评价表中的小组评价部分。

3. 教师对学生工作过程与工作结果进行评价，并将评价结果填入综合评价表中的教师评价部分。

综合评价表

姓名		学号		班级		组别	
实训任务							
评价项目		评价标准				分值	得分
小组评价	计划决策	制定的工作方案合理可行，小组成员分工明确				10	
	任务实施	能够完成 Arduino IDE 的下载				10	
		能在不同操作系统中安装 Arduino IDE				20	
		能正确区分 Arduino IDE 的不同版本				20	
	任务达成	能按照工作方案操作，按计划完成工作任务				10	
	工作态度	认真严谨、积极主动、安全生产、文明施工				10	
	团队合作	与小组成员、同学之间能合作交流、协调工作				10	
	6S 管理	完成竣工检验、现场恢复				10	
		小计				100	
教师评价	实训纪律	不出现无故迟到、早退、旷课现象，不违反课堂纪律				10	
	方案实施	严格按照工作方案完成任务实施				20	
	团队协作	任务实施过程互相配合，协作度高				20	
	工作质量	能正确完成软件安装，并区分 Arduino IDE 的不同版本				20	
	工作规范	操作规范，三不落地，无意外事故发生				10	
	汇报展示	能准确表达，总结到位，改进措施可行				20	
		小计				100	
综合评分		小组评分 ×50% + 教师评分 ×50%					
总结与反思							

（例：学习过程中遇到什么问题→如何解决的 / 解决不了的原因→心得体会）

任务二 实现 LED 的闪烁

学习目标

- 了解 Arduino 基本程序架构。
- 了解 LED 闪烁的基本函数。
- 了解变量的使用。
- 了解运算符的使用。
- 能正确使用 Arduino 基本程序。
- 能正确使用基本函数控制点亮或熄灭 LED。
- 能正确使用变量实现 LED 闪烁。
- 能正确使用运算符实现 LED 不同闪烁效果。
- 能根据视频正确使用 Arduino IDE 软件实现 LED 闪烁。
- 获得多途径检索知识、分析问题以及多元化思考解决问题的方法，形成创新意识。
- 具有良好的团队协作精神和较强的组织沟通能力。
- 具备良好的职业道德，尊重他人劳动，不窃取他人成果。

知识索引

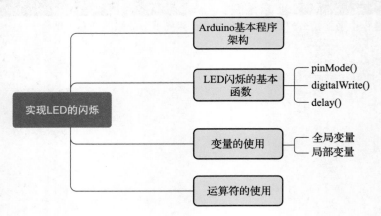

情境导入

　　身为 Arduino 工程师的你，在下载并熟悉了 Arduino IDE 软件后，主管又有了新的需求，他想让你使用 Arduino IDE 软件编写可以实现 LED 闪烁的代码。

 获取信息

引导问题 1

在 Arduino 中，setup () 函数可以用于设置什么？

_____

_____

_____

引导问题 2

Arduino 的声明部分有什么作用？ Arduino 的程序指令是否可以大小写混用？

_____

_____

_____

一、Arduino 基本程序架构

从软件设计角度来看，程序架构（框架）是一个可复用的软件架构解决方案，规定了应用的体系结构，阐明了软件体系结构中各层次间及层次内部各组件间的依赖关系、责任分配和控制流程，表现为一组接口、抽象类以及实例间协作的方法。

我们可以这样理解，程序架构是完成某项业务流程或者功能的具体方案。架构采用了相对比较成熟的方式、步骤或者流程去完成这个业务，让程序员只专注于逻辑本身或业务本身，省去了很多繁琐的步骤。

如图 3-2-1 所示，我们可以通过菜单栏选择"文件"→"示例"→"01.Basics"→"BareMinimum"来打开一个最简单的 Arduino 程序架构。

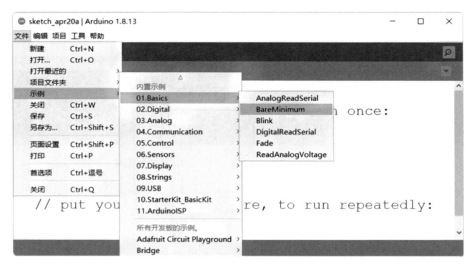

图 3-2-1　打开 BareMinimum 程序架构

打开后可以看到一个最简单的 Arduino 程序架构，至少包含了 setup () 和 loop () 两个函数，如图 3-2-2 所示。

```
1.    void setup(){
2.    pinMode(13,OUTPUT); //13 号管脚设置为输出模式
3.    }
4.    void loop(){
5.    digitalWrite(13,HIGH);//13 号管脚设置高电位
6.    }
```

图 3-2-2　最简单的 Arduino 程序架构

其中，setup () 函数用于设置管脚类型（输入 / 输出）、初始化管脚状态（高 / 低电位）、配置串口、初始化变量等。Arduino 控制板每次上电或重启后，setup () 函数只运行一次。

loop () 函数则在 Arduino 控制板通电期间循环不断运行，它可以根据设定或反馈相应地改变执行情况。

双斜杠（"//"）后面的文字是单行注释，如"put your setup code here，to run once："和"put your main code here，to run repeatedly："均不属于可执行的程序代码。如果需要用到多行注释，可以用"/*"开头，并用"*/"结束。对程序进行必要的注释非常重要，可以增强程序可读性，方便自己或他人日后读懂或修改该程序。

setup () 函数和 loop () 函数可以为空，但这两个函数一定不能被删除，否则会出现编译错误，删除 loop () 函数编译结果如图 3-2-3 所示。

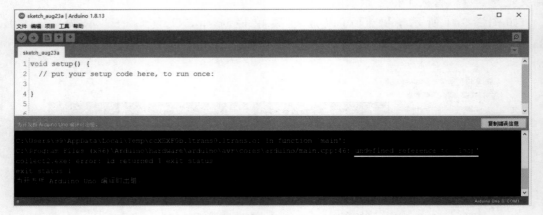

图 3-2-3　删除 loop () 函数后出现编译错误

多数 Arduino 程序架构除了 setup () 和 loop () 这两个必备函数外，通常还包含声明部分。声明部分用于声明变量和接口名称、引入类库文件等，如图 3-2-4 所示。

图 3-2-4 所示的程序中，"int ledPin =13；"这句属于声明部分，声明了变量名称、变量类型及变量值。此外，setup () 函数类似于米思齐里面的"初始化"模块，函数内的语句只是在执行程序过程中运行一遍；loop () 函数内的语句则是持续循环执行。

```
1.    int ledPin=13;
2.    void setup(){
3.    pinMode(ledPin,OUTPUT);
4.    }
5.    void loop(){
6.    digitalWrite(ledPin,HIGH);
7.    }
```

图 3-2-4　常见的 Arduino 程序架构

⚠ 注意：Arduino 程序指令区分大小写，编写 Arduino 程序时，pinMode 不能写成 pinmode 或 PinMODE，INPUT 也不能写成 input；除了大括号"{""}"以及极少数例外，几乎每一行都要用分号"；"结尾。

❓ 引导问题 3

　　pinMode () 是 Arduino 的一个内建函数，"pinMode (25, OUTPUT);"的意义是什么？"pinMode (25, INPUT);"的意义是什么？"pinMode (25, INSERT);"可行吗，为什么？

_____

_____

_____

❓ 引导问题 4

　　解读代码"digitalWrite (13, HIGH);"的含义？

_____

_____

_____

二、LED 闪烁的基本函数

　　函数在程序里通常是指一组执行一个功能的语句，被包装在一个函数名称中。只需要一个函数名称（必要时加上传递的参数，参数可用类似操作变量的方法进行操作），就能调用这个函数。Arduino 的基本函数使单片机系统开发不再需要进行复杂的底层代码的编写，使用者可以很方便地调用相应函数对控制板上的资源进行控制。基本函数主要包括 I/O 控制函数、时间函数、中断函数、数学函数、串口通信函数等。

　　板载 LED 闪烁的实现需要用到 13 号数字 I/O 接口、I/O 控制函数（I/O 输入输出定义函数、I/O 输出电位定义函数）和延时函数。

（一）pinMode ()

I/O 输入输出定义函数 pinMode () 通常放置在 setup () 函数内，它的作用是设置某个管脚的模式，"13"是待设置管脚的编号，"OUTPUT"是指该管脚类型为输出（如果是"INPUT"则表示管脚类型为输入）。所以，"pinMode (13, OUTPUT);"的意思是将 Arduino 控制板上的 13 号数字输入 / 输出管脚设置为输出模式。

⚠ 注意：pinMode () 是 Arduino 的一个内建函数，它的第一个参数是对应的管脚编号，第二个参数则是管脚使用模式，只能是"INPUT"（输入）或者"OUTPUT"（输出）两种。需要注意模式名"INPUT"和"OUTPUT"必须全部大写。

（二）digitalWrite ()

I/O 输出电位定义函数 digitalWrite () 的作用是设置某个管脚的电位状态。如"digitalWrite (13, HIGH);"的意思是将 Arduino 控制板上的 13 号管脚设置为高电位。对于 Arduino UNO 控制板来说，高电位意味着电位为 +5V，低电位则为零。

（三）delay ()

延时函数 delay () 是一个无返回值的函数，参数是延时的时间长度，单位是 ms。"delay (1000);"的意思是延时 1000ms，即 1s。

❓ **引导问题 5**

什么是全局变量和局部变量？

_____

_____

_____

三、变量的使用

为了灵活更换 LED 的控制管脚或闪烁间歇时间，本节将引入变量。变量的声明方法为数据类型 + 变量名（+ 变量初始化值）。变量名的写法一般为首字母小写。例如"int ledPin =11"中"int"为变量的类型，"ledPin"为变量的名称，"11"为变量的值。

变量的数据类型除了整型（int）外，常用的还有布尔型、字符型等，见表 3-2-1。变量的作用范围与该变量在哪里声明有关，大致分为全局变量和局部变量两种。

（一）全局变量

若在程序开头的声明区或是在没有大括号限制的声明区，所声明的变量作用域为整个程序。即整个程序都可以使用这个变量代表的值或范围，不局限于某个括号范围内。

（二）局部变量

若在大括号内的声明区，所声明的变量作用域将局限于大括号内。若在主程序与各函数中都声明了相同名称的变量，当离开主程序或函数时，该局部变量将自动消失。

表 3-2-1　常用的数据类型说明

类型	取值范围	说明
int	$-32768\sim32767$ $[-2^{15}\sim(2^{15}-1)]$	整型
unsigned int	$0\sim65535$ $[0\sim(2^{16}-1)]$	无符号整型
boolean	true 或 false （1 或 0）	布尔型
char	$-128\sim128$	字符型，用来存放 ASCII 字符，可以将程序中的字符转换成对应的数字存储（如将字符 A 存储为 65）
float	$-3.4028235\times10^{38}\sim$ 3.4028235×10^{38}	浮点型，相当于数学中的实数。运算较慢且可能有误差，实际使用中尽量转换为整型处理
byte	$0\sim255$	字节型，多被用来传输串行数据

 引导问题 6

"delayTime = delayTime +100" 的作用是什么？

四、运算符的使用

为使得闪烁间歇时间对应的变量在程序循环运行时不断累加，实现发光二极管越闪越慢的效果，本节将引入运算符。增加了运算符的变量在程序运行过程中，其对应的值可以根据程序设定的运算发生变化。例如每运行一次 "delayTime = delayTime+100" 语句就会使得变量 "delayTime" 的值增加 100。依照这个方法，我们可以让变量不再是一个恒定值，进而实现 LED 的闪烁频率变化。

运算符用于执行程序代码的运算功能，会针对一个以上操作数项目来进行运算。例如：2+3，其操作数是 2 和 3，而运算符则是 "+"。Arduino 编程语言中包含了多种算术运算符、比较运算符和常见的逻辑运算符，常见的算术运算符见表 3-2-2，常见的比较运算符见表 3-2-3，常见的逻辑运算符见表 3-2-4。

表 3-2-2　常见的算术运算符

符号	描述	示例	示例返回结果
=	赋值符号	a = 2	a 的值为 2
+	加法符号	1 + 2	3
−	减法符号	2 − 1	1
*	乘法符号	2 * 3	6
/	除法符号	6 / 2	3

（续）

符号	描述	示例	示例返回结果
%	取模符号	7 % 2	1
++	自加运算	i ++ 等效于 i = i + 1	若 i 的原值为 2，运行一次后结果为 3
--	自减运算	i -- 等效于 i = i - 1	若 i 的原值为 2，运行一次后结果为 1
+=	复合加运算	i += 2 等效于 i = i + 2	若 i 的原值为 2，运行一次后结果为 4
-=	复合减运算	i -= 2 等效于 i = i - 2	若 i 的原值为 2，运行一次后结果为 0

表 3-2-3　常见的比较运算符

符号	描述	示例	示例返回结果
==	等于符号	a == 2	若 a 等于 2 则为真，否则为假
!=	不等于符号	a != 2	若 a 不等于 2 则为真，否则为假
<	小于符号	a < 2	若 a 小于 2 则为真，否则为假
>	大于符号	a > 2	若 a 大于 2 则为真，否则为假
<=	小于等于符号	a <= 2	若 a 小于或等于 2 则为真，否则为假
>=	大于等于符号	a >= 2	若 a 大于或等于 2 则为真，否则为假

表 3-2-4　常见的逻辑运算符

符号	描述	示例	示例返回结果
||	逻辑或	a>2 || a<3	若 a 大于 2 或 a 小于 3 则为真，否则为假
&&	逻辑与	a>2 && a<3	若 a 大于 2 且 a 小于 3 则为真，否则为假
!	逻辑非	！a>2	若 a 小于或等于 2 则为真，否则为假

⚠️ 提示：文本代码的录入需要输入的字符数量比较多，建议初学者按照图 3-2-5 所示的键盘指法进行训练。

图 3-2-5　计算机键盘指法图

图中，红色表示小指，浅蓝色表示无名指，绿色表示中指，黄 / 白色表示左，右手的食指，蓝色表示大拇指。

任务分组

学生任务分配表

班级		组号		指导老师	
组长		学号			
组员	姓名：＿＿＿＿　学号：＿＿＿＿ 姓名：＿＿＿＿　学号：＿＿＿＿ 姓名：＿＿＿＿　学号：＿＿＿＿ 姓名：＿＿＿＿　学号：＿＿＿＿			姓名：＿＿＿＿　学号：＿＿＿＿ 姓名：＿＿＿＿　学号：＿＿＿＿ 姓名：＿＿＿＿　学号：＿＿＿＿ 姓名：＿＿＿＿　学号：＿＿＿＿	
任务分工					

工作计划

引导问题 7

查阅相关资料，了解 Arduino IDE。我们都知道 Arduino IDE 是 Arduino 的开发软件，那么 Arduino IDE 有什么特色呢？

_____

_____

_____

引导问题 8

扫描二维码观看实现 LED 闪烁的实训视频，并结合获取到的相关信息、前面所学习到的知识及小组讨论的结果，制定工作方案，并填写工作计划表。

文本编程来实现变量的应用

工作计划表

步骤	作业内容	负责人
1		
2		
3		
4		
5		
6		
7		
8		

进行决策

1. 各组派代表阐述资料查询结果。
2. 各组就各自的查询结果进行交流，并分享技巧。
3. 教师结合各组的完成情况进行点评，选出最佳方案。

任务实施

按照引导问题 7 右侧视频操作，完成 LED 闪烁实训，并完成工单。

LED 闪烁实训
记录

1. LED 点亮与熄灭时的电位为多少？
_____
_____

2. 描述 LED 闪烁程序的逻辑。
_____
_____

3. 在 LED 闪烁变量的变化中，delayTime 最初的赋值是多少？
_____
_____

4. 在 LED 闪烁变量的变化中，每经过 1 轮循环，LED 亮与灭停留的时间增加多少？
_____
_____

5. 在 LED 闪烁变量的变化中，经过 5 轮循环后，delayTime 为多少？
_____
_____
_____

引导问题 9

上传控制程序完成 LED 闪烁实训，填写控制代码，并进行控制程序解析。
_____
_____
_____

评价反馈

1. 各组代表展示汇报 PPT，介绍任务的完成过程。

2. 以小组为单位，对各组的操作过程与操作结果进行自评和互评，并将结果填入综合评价表中的小组评价部分。

3. 教师对学生工作过程与工作结果进行评价，并将评价结果填入综合评价表中的教师评价部分。

综合评价表

姓名		学号		班级		组别	
实训任务							
评价项目		评价标准			分值		得分
小组评价	计划决策	制定的工作方案合理可行，小组成员分工明确			10		
	任务实施	能正确使用 Arduino 基本程序			10		
		能正确使用基本函数控制点亮或熄灭 LED			10		
		能正确使用变量实现 LED 闪烁			10		
		能正确使用运算符实现 LED 不同闪烁效果			20		
	任务达成	能按照工作方案操作，按计划完成工作任务			10		
	工作态度	认真严谨、积极主动、安全生产、文明施工			10		
	团队合作	与小组成员、同学之间能合作交流、协调工作			10		
	6S 管理	完成竣工检验、现场恢复			10		
		小计			100		
教师评价	实训纪律	不出现无故迟到、早退、旷课现象，不违反课堂纪律			10		
	方案实施	严格按照工作方案完成任务实施			20		
	团队协作	任务实施过程互相配合，协作度高			20		
	工作质量	能正确使用基本函数控制点亮或熄灭 LED			20		
	工作规范	操作规范，三不落地，无意外事故发生			10		
	汇报展示	能准确表达，总结到位，改进措施可行			20		
		小计			100		
综合评分		小组评分 ×50% + 教师评分 ×50%					
总结与反思							

（例：学习过程中遇到什么问题→如何解决的 / 解决不了的原因→心得体会）

任务三　实现 LED 流水灯效果

学习目标

- 了解选择结构控制语句的基本形式和使用。
- 了解循环结构控制语句的基本形式和使用。
- 了解 LED 流水灯多功能扩展板的电路原理。
- 能正确安装 LED 流水灯多功能扩展板。
- 能基于选择结构编写相应控制程序，实现 LED 流水灯的效果。
- 能基于循环结构编写相应控制程序，实现 LED 流水灯的效果。
- 能根据视频正确完成 LED 流水灯实训。
- 获得多途径检索知识、分析问题以及多元化思考解决问题的方法，形成创新意识。
- 具有良好的团队协作精神和较强的组织沟通能力。
- 具备良好的职业道德，尊重他人劳动，不窃取他人成果。

知识索引

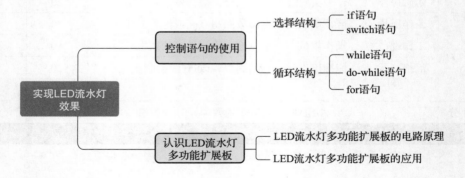

情境导入

　　今天主管给身为 Arduino 工程师的你一项任务，就是给一个店铺制作广告灯牌，要求要酷炫、亮眼，你决定使用 Arduino IDE 软件，使 LED 灯光动起来，形成"流水灯"的效果。

获取信息

引导问题 1

if 语句有_____结构、_____结构和_____结构。

引导问题 2

switch 语句使用时有哪些注意事项？

_____

_____

_____

一、控制语句的使用

控制语句即用来实现对程序流程的选择、循环、转向和返回等进行控制的语句。控制语句用于控制程序的流程，以实现程序的各种结构形式。例如在一些较复杂的程序中，经常需要根据某些条件来决定下一步执行哪些语句，这就需要通过控制语句来实现。本节主要介绍的控制语句包括选择结构和循环结构两大类。

（一）选择结构

选择结构又称选取结构或分支结构，用在需根据当前数据进行判断，并决定下一步操作的情况。实现选择结构的语句为 if 和 switch。

1. if 语句

文本编程中，可以使用 if 语句实现选择结构。if 语句中，当小括号内的判断条件成立时，会执行语句中大括号里的内容一次。if 语句有以下三种基本形式。

（1）单分支结构（图 3-3-1）

```
if(表达式)
{
    语句;
}
```

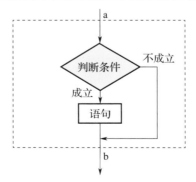

图 3-3-1　单分支 if 选择结构程序流程图

功能描述：如果表达式为真，则执行大括号里面的语句；否则跳过此部分语句。

（2）双分支结构（图3-3-2）

```
if(表达式)
{
    语句1;
}
else
{
    语句2;
}
```

功能描述：如果表达式为真，则执行"if"后面大括号里面的语句，这里是"语句1"；否则执行"else"后面大括号里面的语句，这里是"语句2"。

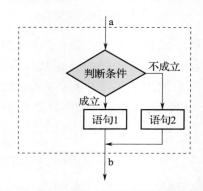

图 3-3-2　双分支 if 选择结构程序流程图

（3）多分支结构

```
if(表达式1)
{
    语句1;
}
else if(表达式2)
{
    语句2;
}
else if(表达式3)
  {
        语句3;
}
......
else
{
语句n;
}
```

功能描述：如果表达式 1 为真，则执行"if"后面大括号里面的语句（"语句 1"），然后退出 if 选择语句，不执行后面的语句；否则继续判断表达式 2，若表达式 2 为真，则执行"else if"后面大括号里面的语句（"语句 2"），然后退出 if 选择语句；同样，如果表达式 2 为假，则继续判断表达式 3，依此类推，若所有的表达式均不成立，则执行"else"后面的语句 n。

if 语句使用注意事项："if"关键字后面均为表达式，通常是逻辑表达式或关系表达式，也可以是一个变量；在 if 语句中，条件判断表达式必须用小括号括起来，在语句后面加分号，如果是多行语句组成的程序段，则需要用花括号括起来。

2. switch 语句

当处理复杂的问题时，可能存在有很多选择分支的情况，如果继续使用 if 语句编写程序，则会使程序冗长，可读性差。此时可以使用 switch 语句实现多分支选择结构，其判断表达式的值由几段（或者几个不连续的值）组成，每一段对应一段分支程序。switch 语句一般形式如下。

```
switch(表达式)
{
case 常量表达式 1:
        语句 1;
          break;
case 常量表达式 2:
        语句 2;
          break;
case 常量表达式 3:
        语句 3;
          break;
......
default:
        语句 n;
          break;
}
```

功能描述：该语句计算表达式的值，逐一与"case"后面的常量相比较。当表达式的值与某个常量表达式的值相等时，则执行其后面的语句，然后停止判断；否则继续比较所有"case"后面的语句。如果表达式的值与所有"case"后的常量表达式均不相等，则执行"default"后面的语句。如果不存在"default"部分，则退出 switch 选择结构。switch 语句的流程图如图 3-3-3 所示。

switch 语句使用注意事项：switch 表达式的计算结果必须是整型或者字符型常量，如果是其他类型，则必须使用 if 语句；关键字"case"和常量表达式之间要有空格，每个"case"后的常量表达式可以不分顺序，但不能相同；当表达式的值与某个常量表达式的值相等并执行完后面的语句时，一般要用 break 语句退出 switch 结构。

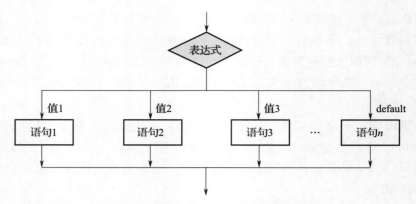

图 3-3-3　switch 语句的流程图

解释下列函数的意思。

```
int i = 2;
while(i <= 13)
{
    digitalWrite(i,HIGH);
        delay(500);
        i = i + 1;

                        }
```

_____

_____

do-while 是一种什么类型的循环？会怎样进行循环执行？

_____

_____

_____

（二）循环结构

循环结构又称重复结构，即反复执行某一部分的操作。当程序需要不断重复执行某些语句，就需要使用循环结构控制语句。实现循环结构的语句为 while 和 for 语句。

1. while 语句

while 语句是一种"当"型循环结构。当满足一定条件后，才会执行循环体中的语句，其一般形式为：

```
while(表达式)
{
```

```
语句;
}
```

功能描述：该语句计算表达式的值，当值为真时，执行循环体语句；否则跳出循环体，结束循环。其中表达式是循环条件，语句是循环体。在某些程序中，可能需要建立一个无限循环（死循环），当 while 后面的表达式永远为真或写成 while (1)，便是一个无限循环。while 语句的流程图如图 3-3-4 所示。

while 语句使用注意事项：与 if 语句相比，while 语句的条件表达式为真时，其后面的循环体将被重复执行，而 if 语句的判断表达式为真时，其后面的语句执行一次。

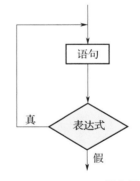

图 3-3-4　while 语句的流程图

2. do-while 语句

do-while 语句是一种"直到"型循环结构。该语句首先执行循环体语句，然后判断循环条件是否成立，直到条件不成立为止。其一般形式如下。

```
do
{
语句;
}
while(表达式);
```

功能描述：该语句执行完循环体语句后再判断表达式是否为真，如果为真则继续循环，否则终止循环。因此，do-while 语句循环至少要执行一次循环体语句。do-while 语句流程图如图 3-3-5 所示。

3. for 语句

for 语句比 while 语句更灵活，应用更加广泛，既适用于循环次数确定的情况，又适用于循环次数不确定的情况。它可以替代 while 和 do-while 语句。其一般形式如下。

图 3-3-5　do-while 语句流程图

```
for(表达式 1;表达式 2;表达式 3)
{
    语句;
}
```

功能描述：该语句先处理表达式 1，表达式 1 一般为初始化语句，相当于设置一个变量代表循环计数器并赋初值；再处理表达式 2，表达式 2 一般是判断语句，若为真则执行 for 语句中循环体语句，若为假则终止循环。循环体语句执行完后处理表达式 3，表达式 3 一般是增量语句。然后继续根据表达式 3 求解的新值判断表达式 2，直到表达式 2 为假为止。该语句使用示例如下。

```
for(i=0;i<3;i++)
{
    语句;
}
```

该示例表示设置了一个变量 i 初始为 0，当 i<3 时执行循环体中的语句，每执行完语句一次，i 自动加 1，因此这个循环会执行 3 次。for 语句的流程图如图 3-3-6 所示。

for 语句使用注意事项：表达式 1、表达式 2、表达式 3 都是可选项，可以采用其中的一项或多项，但两个分号不能省略；若 3 个表达式都省略，则 for 循环变成"for (; ;)"，因缺少循环条件，会一直无限循环执行循环体语句，相当于 while (1) 无限循环。

二、认识 LED 流水灯多功能扩展板

（一）LED 流水灯多功能扩展板的电路原理

LED 流水灯多功能扩展板的结构如图 3-3-7 所示，具体结构说明见表 3-3-1。

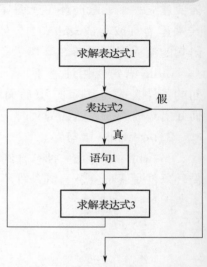

图 3-3-6　for 语句的流程图

图 3-3-7　LED 流水灯多功能扩展板

表 3-3-1　LED 流水灯多功能扩展板结构说明

结构名称	说明	数量
使用管脚	管脚标识为 0、1、2、3、4、5、6、7、8、9、10、11、12、13、A4、A5	16 个
跳线管脚	管脚标识为 GND	1 个
电阻	阻值为 220Ω	16 个

（续）

结构名称	说明	数量
可调电阻	阻值为 10kΩ	1 个
开关按键	复用 2、3、4、5 管脚	4 个
0805 封装 LED	LED 标识为 0、1、2、3、4、5、6、7、8、9、10、11、12、13	14 个
LED 彩灯	复用 10、11、12 管脚	1 个
SPI 通信接口	复用 10、11、12、13 管脚	1 个
IIC 通信接口	复用 A4、A5 管脚	1 个

其中，通过控制 SW1、SW2、SW3 和 SW4 开关可以实现不同工作模式的调用，见表 3-3-2。

表 3-3-2　不同工作模式的使用方法

工作模式	使用方法
LED 工作模式	SW3 开关 1 ~ 10 拨到 ON 方向 SW4 开关 1 ~ 4 拨到 ON 方向
RGB 彩灯工作模式	SW2 开关 7、8、9 拨到 ON 方向
IIC 工作模式	SW1 开关 1、2 拨到 ON 方向
SPI 工作模式	SW2 开关 3、4、5、6 拨到 ON 方向
按键工作模式	SW1 开关 3、4 拨到 ON 方向 SW2 开关 1、2 拨到 ON 方向

（二）LED 流水灯多功能扩展板的应用

LED 流水灯多功能扩展板安装在 Arduino UNO 控制板上，如图 3-3-8 所示。扩展板底部设计成排针接口，可以直接对插在 Arduino UNO 控制板上进行叠加使用。通过排针的形式将控制板上的所有 I/O 接口引出来，采用无缝对插的形式，无需通过串口线进行单独连接，省去了较为繁琐复杂的对接和跳线步骤，使扩展板的连接更加牢固、安全、方便，适合初学者的学习和使用。LED流水灯多功能扩展板的应用过程中，可以实现直接通过各 LED 对应的开关或者按键来控制 LED 的亮灭，其原理是通过编程将开关与按键使用的管脚与 LED 对应管脚实现逻辑连接。基于上述原理，可进行十分丰富的应用设计，如流水灯效果的实现、呼吸灯效果的实现、跑马灯效果的实现、按键控制 LED、抢答器设计等。

图 3-3-8　安装 LED 流水灯多功能扩展板

任务分组

学生任务分配表

班级			组号		指导老师	
组长			学号			
组员	姓名：_____ 学号：_____			姓名：_____ 学号：_____		
	姓名：_____ 学号：_____			姓名：_____ 学号：_____		
	姓名：_____ 学号：_____			姓名：_____ 学号：_____		
	姓名：_____ 学号：_____			姓名：_____ 学号：_____		
任务分工						

工作计划

❓ 引导问题 5

查阅相关资料，了解 LED 流水灯多功能扩展板，并完成下表。

LED 流水灯多功能扩展板基本信息

基本信息	信息内容
使用管脚	
跳线管脚	
电阻数量	
按键数量	
LED 数量	
通信接口	
LED 工作模式	
RGB 彩灯工作模式	
I2C 工作模式	
SPI 工作模式	
按键工作模式	

❓ 引导问题 6

扫描二维码观看利用 for、if、while 语句分别实现 LED 流水灯控制的实训视频，并结合获取到的相关信息、前面所学习到的知识及小组讨论的结果，制定工作方案，并填写工作计划表。

文本编程实现 for 流水灯的制作

文本编程实现 if 流水灯的制作

文本编程实现 while 流水灯的制作

工作计划表

步骤	作业内容	负责人
1		
2		
3		
4		
5		
6		

进行决策

1. 各组派代表阐述资料查询结果。
2. 各组就各自的查询结果进行交流，并分享技巧。
3. 教师结合各组的完成情况进行点评，选出最佳方案。

任务实施

按照引导问题 6 右侧视频操作，完成 LED 流水灯控制实训，并完成工单。

LED 流水灯控制
记录

1. 彩灯 LED 流水灯在什么时间被点亮？

2. 描述 for 语句控制程序的逻辑。

3. 描述 if 语句控制程序的逻辑。

4. 描述 while 语句控制程序的逻辑。

Arduino 编程控制与应用

引导问题 7

上传控制程序完成 LED 流水灯控制实训，填写控制代码，并进行控制程序解析。

评价反馈

1. 各组代表展示汇报 PPT，介绍任务的完成过程。

2. 以小组为单位，对各组的操作过程与操作结果进行自评和互评，并将结果填入综合评价表中的小组评价部分。

3. 教师对学生工作过程与工作结果进行评价，并将评价结果填入综合评价表中的教师评价部分。

综合评价表

姓名		学号		班级		组别	
实训任务							
评价项目		评价标准				分值	得分
小组评价	计划决策	制定的工作方案合理可行，小组成员分工明确				10	
	任务实施	能正确安装 LED 流水灯多功能扩展板				10	
		能基于选择结构编写相应控制程序，实现 LED 流水灯的效果				20	
		能基于循环结构编写相应控制程序，实现 LED 流水灯的效果				20	
	任务达成	能按照工作方案操作，按计划完成工作任务				10	
	工作态度	认真严谨、积极主动、安全生产、文明施工				10	
	团队合作	与小组成员、同学之间能合作交流、协调工作				10	
	6S 管理	完成竣工检验、现场恢复				10	
	小计					100	
教师评价	实训纪律	不出现无故迟到、早退、旷课现象，不违反课堂纪律				10	
	方案实施	严格按照工作方案完成任务实施				20	
	团队协作	任务实施过程互相配合，协作度高				20	
	工作质量	能正确使用两种不同循环结构，实现 LED 流水灯的效果				20	
	工作规范	操作规范，三不落地，无意外事故发生				10	
	汇报展示	能准确表达，总结到位，改进措施可行				20	
	小计					100	
综合评分	小组评分 ×50% + 教师评分 ×50%						

100

（续）

总结与反思

（例：学习过程中遇到什么问题→如何解决的 / 解决不了的原因→心得体会）

任务四　实现数字输入与输出功能

学习目标

- 识别不同类型的信号。
- 了解数字信号的基本知识。
- 了解数字输入与输出功能函数。
- 能正确编写并上传程序实现串口与数字输出。
- 能正确编写并上传程序实现读取开关输入。
- 能正确编写并上传程序实现用开关控制 LED 亮与灭。
- 获得多途径检索知识、分析问题以及多元化思考解决问题的方法，形成创新意识。
- 具有良好的团队协作精神和较强的组织沟通能力。
- 具备良好的职业道德，尊重他人劳动，不窃取他人成果。

知识索引

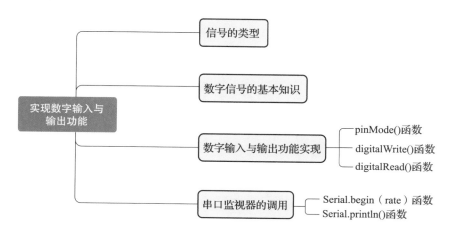

📖 **情境导入**

　　身为 Arduino 工程师的你不能只会使用简单代码实现 LED 灯光的闪烁，主管要求你使用数字信号来控制 LED 的亮与灭。

🔘 **获取信息**

❓ **引导问题 1**

　　数字信号是一种什么样的信号，它使用什么来表示？

_____

_____

_____

❓ **引导问题 2**

　　数字电路中开关是一种基本的输入形式，那么它的作用是什么？
作用：_____

_____

_____

❓ **引导问题 3**

　　判断下文所述的电路为正逻辑电路还是负逻辑电路。

　　开关一端接电源，另一端则通过一个阻值为 $10\text{k}\Omega$ 的下拉电阻接地，输入信号从开关和电阻间引出。当开关断开的时候，输入信号被电阻"拉"向地，形成低电位（0V）；当开关接通的时候，输入信号直接与电源相连，形成高电位。
（□正逻辑电路　　□负逻辑电路）

一、信号的类型

电子电路中的信号可以分为两大类：模拟信号和数字信号，如图 3-4-1 所示。

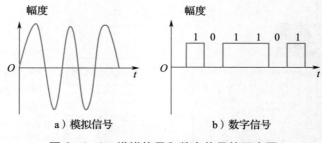

a）模拟信号　　　　　b）数字信号

图 3-4-1　模拟信号和数字信号的示意图

1）模拟信号：时间连续、数值也连续的信号，如声音的大小、温度的高低、压力或速度的大小等都是模拟信号。

2）数字信号：时间上和数值上均是离散的信号，如电子表的时间、生产流水线上记录零件个数的计数信号等，这些信号的变化发生在一系列离散的瞬间，其值也是离散的。

二、数字信号的基本知识

数字信号是幅度和时间都离散的信号，它在取值上是离散的、不连续的信号，通常使用常见的二进制数字来表示。数字信号只有两个值，常用数字 0 和 1 来表示，这里的 0 和 1 没有大小之分，只代表两种对立的状态，称为逻辑 0 和逻辑 1，也称为二值数字逻辑。之所以采用二进制数字表示信号，其根本原因是电路只能表示两种状态，即电路的通与断。在实际的数字信号传输中，通常是将一定范围的信息变化归类为状态 0 或状态 1，这种状态的设置大大提高了数字信号的抗噪声能力。

在数字电路中，开关是一种基本的输入形式，它的作用是保持电路的接通或者断开。Arduino 从数字 I/O 管脚上只能读出高电位（5V）或者低电位（0V）。为了将开关的通 / 断状态转变成 Arduino 能够读取的高 / 低电位，需要通过上 / 下拉电阻来实现，按照电路的不同通常又可以分为正逻辑（Positive Logic）和负逻辑（Inverted Logic）两种。

在正逻辑电路中，开关一端接电源，另一端则通过一个阻值为 10kΩ 的下拉电阻接地，输入信号从开关和电阻间引出。当开关断开的时候，输入信号被电阻"拉"向地，形成低电位（0V）；当开关接通的时候，输入信号直接与电源相连，形成高电位。对于经常用到的按压式开关来讲，就是按下为高，抬起为低。

在负逻辑电路中，开关一端接地，另一端则通过一个阻值为 10kΩ 的上拉电阻接电源，输入信号同样也是从开关和电阻间引出。当开关断开时，输入信号被电阻"拉"向电源，形成高电位（5V）；当开关接通的时候，输入信号直接与地相连，形成低电位。对于经常用到的按压式开关来讲，就是按下为低，抬起为高。

 引导问题 4

查阅相关资料，了解实现数字输入与输出功能需要用到的函数，填写表 3-4-1。

表 3-4-1　数字输入与输出功能需要用到的函数

函数调用形式	参数	含义
pinMode (pin, mode);	pin	
	mode	
digitalWrite (pin, value);	pin	
	value	
digitalRead (pin);	pin	

🔍 引导问题 5

在 Arduino 核心库中，OUTPUT 定义为 1，INPUT 定义为 0，HIGH 定义为 1，LOW 定义为 0，用数字 0、1 完成下列参数替换。

pinMode (12, INPUT); 相当于 pinMode (12, _____);

digitalWrite (12, LOW); 相当于 digitalWrite (12, _____);

三、数字输入与输出功能实现

Arduino 控制板上带有数字编号的端口是数字端口，包括数字编号前面带 "A" 的模拟输入端口，使用这些端口也可以完成输入 / 输出功能。实现数字输入与输出功能可以方便地通过调用 Arduino 内建基本函数（管脚工作模式设置函数 pinMode、管脚数字输出函数 digitalWrite 和管脚数字输入函数 digitalRead）来实现[3]。函数的定义和功能具体如下。

（一）pinMode () 函数

在使用输入功能前，需要通过 pinMode () 函数配置端口的模式为输入模式，它是一个无返回值函数。其调用形式为 "pinMode (pin, mode);"。

参数 "pin" 为指定配置的管脚编号，对于 Arduino UNO 来说，它的范围为数字端口 0~13，也可以把模拟端口（A0~A5）作为数字端口使用，此时 A0~A5 模拟端口对应的数字端口编号为 14~19；参数 "mode" 为指定配置模式为 "INPUT"（输入）或 "OUTPUT"（输出），其中，"INPUT" 模式用于读取（输入）信号，"OUTPUT" 模式用于输出信号。

（二）digitalWrite () 函数

配置为输出模式后，需要用 digitalWrite () 函数使设置的端口输出电压为高电位或低电位，它也是一个无返回值函数。其调用形式为 "digitalWrite (pin, value);"。

参数 "pin" 为指定配置的管脚编号；参数 "value" 表示输出电位高低，"HIGH" 代表输出高电位，"LOW" 代表输出低电位。Arduino 控制板中低电位为 0V，高电位为其工作电压，对 UNO 来说为 5V。

（三）digitalRead () 函数

配置为输入模式后，需要用 digitalRead () 函数获取端口输入电压为高电位或低电位，它是一个有返回值函数。其调用形式为 "digitalRead (pin);"。

参数 "pin" 为指定配置的管脚编号。当 Arduino 控制板的工作电压为 5V 时，将范围为 –0.5~1.5V 的电压作为低电位输入，将范围为 3~5.5V 的电压作为高电位输入，所以即使电压在一定范围内有一些偏差也能正常识别。但过高的电压可能会烧坏 Arduino 控制板。

知识拓展：在 Arduino 核心库中，"OUTPUT" 定义为 1，"INPUT" 定义为 0，"HIGH" 定义为 1，"LOW" 定义为 0。所以在程序中可以用数字 0、1 来代替这些参数。例如 "pinMode (13, OUTPUT);" 相当于 "pinMode (13, 1);"；"digitalWrite (13, HIGH);" 相当

于 "digitalWrite (13, 1);"。

引导问题 6

波特率是什么？

_____

_____

引导问题 7

高波特率会造成什么影响？

_____

_____

四、串口监视器的调用

串口监视器是 Arduino IDE 内置的一个组件，可以通过单击工具栏最右边的图标 "回" 或从菜单栏 "工具" → "串口监视器" 打开。

串口监视器不仅可以把一些控制指令从计算机发送到 Arduino 控制板，还可以把 Arduino 控制板反馈的一些运行状态显示出来。Arduino IDE 中有一个内建函数 Serial. begin (rate) 用来指定通信速率，另一个函数 Serial.println () 可以用来在串口监视器中显示 Arduino 控制板返回的信息。

（一）Serial.begin (rate) 函数

通信波特率的设置函数 Serial.begin (rate) 接收一个参数，该参数指定了通信速率（波特率）。波特率是反映数据通信速率（即单位时间内传输的信息量）的重要参数，指每秒传输的字符数。与米思齐编译环境类似，Arduino IDE 自带的串口监视器的通信波特率一般可设置为 300、1200、2400、4800、9600、19200、38400、57600、74800、115200、230400、250000、500000、1000000、2000000 等值，如图 3-4-2 所示。

图 3-4-2　串口通信波特率设置

通信波特率越高，数据传输速率越高，但也越占用芯片资源，降低控制程序的执行效率。通常采用 9600 的波特率即可满足监视的需求。一定要注意，程序中设置的串口通信波特率，即语句 Serial.begin () 括号中的值必须与串口监视器中的值设置保持一致，这样才能正确显示串口通信内容，否则会出现乱码。

（二）Serial.println () 函数

串口打印函数 Serial.println () 的功能是将参数输出到串口，并回车换行。参数最终以 ASCII 码形式输出到串口监视器中。这个函数括号内的参数可以是字符串等类型的常量，也可以是各种类型的变量。

函数 Serial.print () 的功能与之类似，只是每次将参数输出到串口后，不换行，下一次输出的参数将在同一行继续显示。

职业认证

物联网智能终端开发与设计（初级）中的终端部署与调试就涉及了数字信号与模拟信号的知识点，在技能要求方面，需要掌握常见的终端产品的调试方法与操作规范，能正确操作常用的仪器仪表对终端产品进行调试并获取相应的数字信号或模拟信号，能对获取的数字信号或模拟信号进行分析，能规范填写调试过程记录报告并进行分类归档管理。物联网智能终端开发与设计（初级）认证主要考查物联网智能终端的安装部署、检测调试能力，能保障设备的稳定运行，并能提供运维技术，支持依据终端产品的开发需求，完成智能终端的应用软件开发与测试工作。通过初级考核可获得教育部 1+X 证书中的《物联网智能终端开发与设计（初级）》。

任务分组

学生任务分配表

班级			组号		指导老师	
组长			学号			
组员	姓名：＿＿ 学号：＿＿			姓名：＿＿ 学号：＿＿		
	姓名：＿＿ 学号：＿＿			姓名：＿＿ 学号：＿＿		
	姓名：＿＿ 学号：＿＿			姓名：＿＿ 学号：＿＿		
	姓名：＿＿ 学号：＿＿			姓名：＿＿ 学号：＿＿		
任务分工						

工作计划

引导问题 8

　　查阅相关资料，了解流开发板连接后端口如何配对，如遇到缺少匹配端口的情况应如何操作。

_____

_____

_____

引导问题 9

　　扫描二维码观看串口与数字输出、读取开关输入、开关与 LED 控制功能操作视频，学习数字输入与输出功能的实现方法，并结合获取到的相关信息、前面所学习到的知识及小组讨论的结果，制定工作方案，并填写工作计划表。

文本编程实现
按键 LED 的
应用

工作计划表

步骤	作业内容	负责人
1		
2		
3		
4		
5		
6		
7		
8		

进行决策

1. 各组派代表阐述资料查询结果。
2. 各组就各自的查询结果进行交流，并分享技巧。
3. 教师结合各组的完成情况进行点评，选出最佳方案。

任务实施

按照引导问题 9 右侧视频操作，实现数字输入与输出功能，并完成工单。

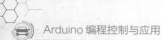

数字输入与输出功能实现
记录

1.在串口与数字输出中，在串口监视器分别输入"a"和"b"会出现什么现象？

_____
_____

2.在读取开关输入中，串口监视器出现1时，10号LED的状态是_____，在读取开关输入中，10号LED点亮，串口监视器出现数字_____。

3.控制4号和5号按键的开关是_____和_____。控制10号和1号LED的开关是_____和_____。

❓ 引导问题 10

填写开关与 LED 控制实训的控制代码，并进行控制程序解析。

_____
_____
_____

📰 评价反馈

1.各组代表展示汇报 PPT，介绍任务的完成过程。

2.以小组为单位，对各组的操作过程与操作结果进行自评和互评，并将结果填入综合评价表中的小组评价部分。

3.教师对学生工作过程与工作结果进行评价，并将评价结果填入综合评价表中的教师评价部分。

综合评价表

姓名		学号		班级		组别	
实训任务							
评价项目		评价标准				分值	得分
小组评价	计划决策	制定的工作方案合理可行，小组成员分工明确				10	
	任务实施	能正确编写并上传程序实现串口与数字输出				10	
		能正确编写并上传程序实现读取开关输入				20	
		能正确编写并上传程序实现用开关控制 LED 的亮与灭				20	
	任务达成	能按照工作方案操作，按计划完成工作任务				10	
	工作态度	认真严谨、积极主动、安全生产、文明施工				10	
	团队合作	与小组成员、同学之间能合作交流、协调工作				10	
	6S 管理	完成竣工检验、现场恢复				10	
		小计				100	

（续）

评价项目		评价标准	分值	得分
教师评价	实训纪律	不出现无故迟到、早退、旷课现象，不违反课堂纪律	10	
	方案实施	严格按照工作方案完成任务实施	20	
	团队协作	任务实施过程互相配合，协作度高	20	
	工作质量	正确编写并上传程序实现用开关控制 LED 的亮与灭	20	
	工作规范	操作规范，三不落地，无意外事故发生	10	
	汇报展示	能准确表达，总结到位，改进措施可行	20	
	小计		100	
综合评分		小组评分 × 50% + 教师评分 × 50%		

总结与反思

（例：学习过程中遇到什么问题→如何解决的 / 解决不了的原因→心得体会）

任务五　实现模拟输入与输出功能

学习目标

- 了解 Arduino 的模拟信号。
- 了解 Arduino 的模拟输入功能实现。
- 了解 Arduino 的模拟输出功能实现。
- 能正确上传程序实现 LED 亮度调节。
- 能正确上传程序实现模拟输出。
- 能正确上传程序实现模拟输出与呼吸灯效果。
- 能正确上传程序实现模拟输入读取。
- 能根据视频正确实现模拟输入与输出功能。
- 获得多途径检索知识、分析问题以及多元化思考解决问题的方法，形成创新意识。
- 具有良好的团队协作精神和较强的组织沟通能力。
- 具备良好的职业道德，尊重他人劳动，不窃取他人成果。

知识索引

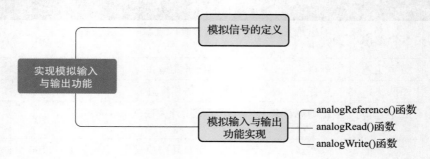

情境导入

作为 Arduino 工程师的你，今天收到了主管的新的要求，主管要求你使用相对来说不复杂的算法与处理器来传递信号，面对这样的要求，你想到了使用模拟信号来进行模拟输入与输出。

获取信息

引导问题 1

模拟信号是什么？

_____

_____

_____

引导问题 2

在 Arduino 中，我们常用什么来表示模拟信号？

_____

_____

_____

一、模拟信号的定义

模拟信号是指用连续变化的物理量所表达的信息，如温度、湿度、压力、长度、电流、电压等，通常又把模拟信号称为连续信号，它在一定的时间范围内可以有无限多个不同的取值。在 Arduino 中，常用 0~5V 的电压来表示模拟信号。

引导问题 3

查阅相关资料，了解实现模拟输入与输出功能需要用到的函数，填写表 3-5-1。

表 3-5-1　模拟输入与输出功能需要用到的函数

函数调用形式	参数	含义
analogReference (type);	type	
analogRead (pin);	pin	
analogWrite (pin, value);	pin	
	value	

引导问题 4

analogReference () 函数的作用是配置模拟输入输出端口的＿＿＿＿＿＿＿。获取该端口的参考数值后，根据参考数值将模拟值转换为 0~1023。

引导问题 5

analogReference () 函数的调用形式为 "analogReference (type);" 查阅相关资料，了解参数 "type" 的选项，并填写表 3-5-2。

表 3-5-2　参数 "type" 的选项

选项	含义
DEFAULT	
INTERNAL	
INTERNAL1V1	
INTERNAL256	
EXTERNAL	

引导问题 6

查阅相关资料，了解脉冲宽度调制方式，写出工作原理及主要特点。

工作原理：＿＿＿＿＿＿＿＿＿＿＿＿＿＿＿＿＿＿＿＿＿＿＿＿＿＿＿＿＿＿＿＿＿

＿＿＿＿＿＿＿＿＿＿＿＿＿＿＿＿＿＿＿＿＿＿＿＿＿＿＿＿＿＿＿＿＿＿＿＿＿＿＿

主要特点：＿＿＿＿＿＿＿＿＿＿＿＿＿＿＿＿＿＿＿＿＿＿＿＿＿＿＿＿＿＿＿＿＿

＿＿＿＿＿＿＿＿＿＿＿＿＿＿＿＿＿＿＿＿＿＿＿＿＿＿＿＿＿＿＿＿＿＿＿＿＿＿＿

二、模拟输入与输出功能实现

Arduino 控制板上数字前面带 "A" 的端口是模拟输入端口，使用这些端口可以完成模拟输入功能，但作为输出端口时只能当作数字端口使用。模拟输出端口一般标有"～"或"PWM"，对于 Arduino UNO 控制板来说是 3、5、6、9、10、11 号端口。实现模拟输入与输出功能需要用到以下几个函数。

（一）analogReference () 函数

analogReference () 函数的作用是配置模拟输入输出端口的参考电压。获取该端口的电压值后，根据参考电压将模拟值转换为 0~1023 范围内的一个数值。此函数为无返回值函数。其调用形式为"analogReference (type);"。

参数 type 的选项有以下几种。

1）DEFAULT：默认 5V 或 3.3V 为基准电压（以 Arduino 控制板的电压为基准电压）。

2）INTERNAL：低电压模式，使用片内基准电压（Mega 扩展板无此选项）。

3）INTERNAL1V1：低电压模式，以 1.1V 为基准电压（此选项只针对 Mega 扩展板）。

4）INTERNAL256：低电压模式，以 2.56V 为基准电压（此选项只针对 Mega 扩展板）。

5）EXTERNAL：扩展模式，以 AREF 端口（0~5V）的电压为基准电压（此选项只针对 Mega 扩展板）。

⚠ 注意：使用 AREF 端口上的电压作为基准电压时，需要接一个阻值为 5kΩ 的上拉电阻，以实现外部和内部基准电压之间的切换。因为 AREF 端口内部有一个阻值为 32kΩ 的电阻，接上上拉电阻后会产生分压作用，最终 AREF 端口上的电压为 $32U_{AREF}/（32+5）$，U_{AREF} 为 AREF 端口的输入电压。

（二）analogRead () 函数

analogRead () 函数的作用是读取指定模拟端口的模拟值，读取周期为 100μs，最大读取速度可达每秒 10000 次。其调用形式为"analogRead (pin);"。

参数"pin"表示读取的模拟输入端口编号（必须是模拟输入输出端口，对于 Arduino UNO 控制板即为 A0~A5 端口），函数的返回值为整型值（0~1023 之间）。输入电压为 5V 时的读取精度为 5V/1024 个单位，约等于 0.0049V。输入范围和精度可以通过前面学习的 analogReference () 函数修改。

（三）analogWrite () 函数

analogWrite () 函数的作用是通过 PWM 的方式在端口输出一个模拟量，经常用于 LED 亮度控制和电机转速控制。analogWrite () 函数为无返回值函数。其调用形式为"analogWrite (pin, value);"。

参数"pin"表示所要设置的端口，只能选择函数支持的端口（这些端口一般标有"～"或"PWM"，对于 Arduino UNO 控制板来说是 3、5、6、9、10、11 号端口）；参数"value"表示 PWM 输出的占空比，范围在 0~255 之间，对应的占空比为 0~100%。

知识拓展：PWM 是一种模拟控制方式，根据相应载荷的变化来调制晶体管基极或 MOS 场效晶体管（简称 MOS 管）栅极的偏置，来实现晶体管或 MOS 管导通时间的改变，从而实现开关稳压电源输出的改变。这种方式能使电源的输出电压在工作条件变化时保持恒定，是利用微处理器的数字信号对模拟电路进行控制的一种非常有效的技术。

　　PWM 通过对一系列脉冲的宽度进行调制，来等效地获得所需要的波形（包含形状以及幅值）。它对模拟信号电位进行数字编码，也就是说通过调节占空比的变化来调节信号、能量等的变化。占空比是指在一个周期内，信号处于高电位的时间占据整个信号周期的百分比，例如方波的占空比就是 50%。

📖 拓展阅读

　　在能力模块三的学习过程中，我们对数字信号与模拟信号有了初步了解，那它们相比较而言的性能特性是什么呢？它们在电子技术或日常生活中的应用有哪些？一起来阅读学习吧。

　　模拟信号是指数学形式为时域连续函数的信号。模拟数据一般由模拟信号表示，如一系列连续变化的电磁波、无线电和电视广播中的电磁波或电压信号、电话传输中的音频电压信号。以电话通信为例，模拟信号的传输原理如下。

　　由线路传送的电信号是随着用户声音大小而变化的，变化的电信号在时间和幅度上都是连续的，电话通信就是先把信息信号转换成与它一样波动的电信号（因此叫作模拟信号），再通过有线或无线的方式传出，电信号被接收后再通过接收设备还原成信息信号。

　　模拟信号的最大优点是在理想分辨率下，可以对自然界物理量的真实值进行无限逼近的描述，模拟还原的效果更好。此外，在达到同样效果的前提下，模拟信号处理比数字信号相对简单。模拟信号的处理通常可以直接通过模拟电路组件来实现，而数字信号的处理通常需要涉及相对复杂的算法和处理器。但模拟信号也有一个较为明显的缺点，它容易受到干扰，尤其是在进行长距离传输后，干扰信号带来的影响会更加明显，严重时会造成信号损失无法被还原。例如，在早期的电视信号、有线电话信号传输过程中，大多是用模拟信号来传递信息的，时常出现电视信号不好、通话断断续续不通畅的情况。

　　而随着技术的发展，数字电子技术开始普及。数字信号是幅值取值离散的信号，并且幅值表示被限制在有限个数值内，主要是用二进制数来表示，能够保证通信的可靠性。数字信号已被应用在数字电视上，具有抗干扰能力强，无噪声积累，便于信号加密，便于储存、处理和交换的优点，能够降低周围环境对信号的干扰，保证了信号在传输过程中的准确度，因此，可以使数字电视接收到的视频画面更加清晰，更加适用于长距离、对传输质量有要求的信号传输领域，也能够适应更加复杂的通信业务要求，便于实现统一的综合业务数字网。与此同时，数字信号处理算法也更加复杂。

任务分组

学生任务分配表

班级		组号		指导老师	
组长		学号			
组员	姓名：_____ 学号：_____ 姓名：_____ 学号：_____ 姓名：_____ 学号：_____ 姓名：_____ 学号：_____			姓名：_____ 学号：_____ 姓名：_____ 学号：_____ 姓名：_____ 学号：_____ 姓名：_____ 学号：_____	
任务分工					

工作计划

引导问题 7

_____可以改变模拟输入，模拟输入的值的理论范围是_____，模拟输出电压值范围是_____。

引导问题 8

扫描二维码观看模拟输入与输出功能实现实训视频，并结合获取到的相关信息、前面所学习到的知识及小组讨论的结果，制定工作方案，并填写工作计划表。

文本编程实现
呼吸灯的制作

工作计划表

步骤	作业内容	负责人
1		
2		
3		
4		
5		
6		

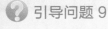 进行决策

1. 各组派代表阐述资料查询结果。
2. 各组就各自的查询结果进行交流，并分享技巧。
3. 教师结合各组的完成情况进行点评，选出最佳方案。

任务实施

按照引导问题 8 右侧视频操作，实现模拟输入与输出功能，并完成工单。

模拟输入与输出功能的实现
记录

1. 在 LED 亮度调节中，要让 3 号 LED 的亮度从强变弱，该怎么操作？

_____

_____

2. 在模拟输出中，要让模拟输出的电压值为 200，该怎么操作？

_____

_____

3. 简述模拟输出电压值为 0 时，3 号 LED 的状态。

_____

_____

4. 简述呼吸灯的程序逻辑。

_____

_____

5. 在模拟输入读取中，要让串口监视器打印出 0~1024 的数值，该怎么操作？

_____

_____

引导问题 9

填写 LED 的亮度由弱变强的控制代码，并进行控制程序解析。

_____

_____

_____

评价反馈

1. 各组代表展示汇报 PPT，介绍任务的完成过程。

2. 以小组为单位，对各组的操作过程与操作结果进行自评和互评，并将结果填入综合评价表中的小组评价部分。

3. 教师对学生工作过程与工作结果进行评价，并将评价结果填入综合评价表中的教师评价部分。

综合评价表

姓名		学号		班级		组别	
实训任务							
评价项目		评价标准			分值	得分	
小组评价	计划决策	制定的工作方案合理可行，小组成员分工明确			10		
	任务实施	能正确上传程序实现 LED 亮度调节			20		
		能正确上传程序实现模拟输出与呼吸灯效果			20		
		能正确上传程序实现模拟输入读取			20		
	任务达成	能按照工作方案操作，按计划完成工作任务			10		
	工作态度	认真严谨、积极主动、安全生产、文明施工			10		
	团队合作	与小组成员、同学之间能合作交流、协调工作			5		
	6S 管理	完成竣工检验、现场恢复			5		
		小计			100		
教师评价	实训纪律	不出现无故迟到、早退、旷课现象，不违反课堂纪律			10		
	方案实施	严格按照工作方案完成任务实施			20		
	团队协作	任务实施过程互相配合，协作度高			20		
	工作质量	正确编写并上传程序实现模拟输出与呼吸灯效果			20		
	工作规范	操作规范，三不落地，无意外事故发生			10		
	汇报展示	能准确表达，总结到位，改进措施可行			20		
		小计			100		
综合评分		小组评分 × 50% + 教师评分 × 50%					
总结与反思							

（例：学习过程中遇到什么问题→如何解决的 / 解决不了的原因→心得体会）

能力模块四
掌握 Arduino 编程语言的进阶应用

 ## 任务一　点亮数码管

学习目标

- 了解数码管结构。
- 了解点亮数码管使用到的语句。
- 了解数码管的控制原理。
- 能正确编写并上传程序实现点亮一个字段。
- 能正确使用子函数编写并上传程序实现数码管切换显示"1""2""3"。
- 能根据视频正确实现数码管控制显示功能。
- 获得多途径检索知识、分析问题以及多元化思考解决问题的方法，形成创新意识。
- 具有良好的团队协作精神和较强的组织沟通能力。
- 具备良好的职业道德，尊重他人劳动，不窃取他人成果。

知识索引

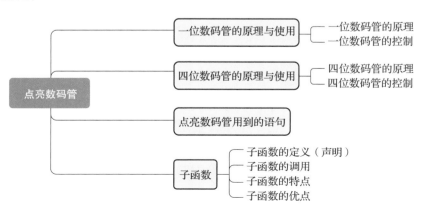

情境导入

　　作为 Arduino 工程师的你，主管看了你之前编写的程序，给你布置了更难的任务，不再是单纯地点亮 LED，而是让你实现以数码管的形式显示出时间，你首先要做到的是在数码管上显示数字。

获取信息

引导问题 1

　　共阳极数码管是什么？应该怎么使用？

_____

_____

_____

引导问题 2

　　点亮数码管显示数字 0 需要点亮对应字段_____。

一、一位数码管的原理与使用

　　数码管又称 LED 数码管，是一种常见的用来显示数字的电子元件，通常由七段发光二极管封装在一起组成"8"字形状，外加一个小数点。数码管根据其显示数字的位数，通常有一位数码管、二位数码管、四位数码管等，如图 4-1-1 所示。

图 4-1-1　数码管外观

（一）一位数码管的原理

　　一位数码管只能显示一位数字，一般分成 8 个字段（即 8 个 LED），其中的 7 个字段可以组合显示不同的数字，另一个字段显示小数点。每个字段都是一个独立的发光 LED 单元，通过控制各个发光单元的亮与灭，来显示不同的数字。数码管的 8 个 LED 并联在一起，根据公共管脚的不同，分为共阳极数码管和共阴极数码管两种。其区别就是公共管脚是 LED 的正极还是负极。

1）共阳极数码管：是指将每个发光单元的正极都接到一起形成公共端的数码管（图 4-1-2a），使用共阳极数码管时应将公共端（COM）接到电源正极，当控制某一字段发光单元（通常为发光二极管）的负极为低电位时，相应字段就点亮；负极为高电位时，相应字段熄灭。

2）共阴极数码管：是指将所有发光单元的负极接到一起形成公共端的数码管（图 4-1-2b），使用共阴极数码管时应将公共端接到电源负极（接地），当控制某一字段发光二极管的正极为高电位时，相应字段就点亮；正极为低电位时，相应字段熄灭。

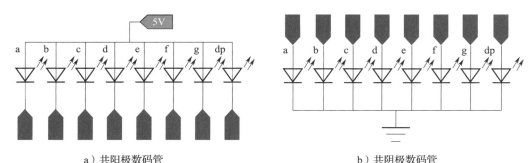

a）共阳极数码管　　　　　　　　　　　　　b）共阴极数码管

图 4-1-2　共阳极数码管与共阴极数码管的控制电路

一位数码管通常有两排管脚，每排 5 个，共 10 个管脚。其中每排最中间的管脚是公共端（即 3 号和 8 号管脚内部电路相连作为公共端），通过控制另外 8 个管脚电位的高低来实现相应字段的控制。一位数码管的外观及管脚编号如图 4-1-3 所示。

图 4-1-3　一位数码管外观及管脚编号

（二）一位数码管的控制

如图 4-1-4 所示，若想显示数字 0，需要点亮数码管 a、b、c、d、e 和 f 共 6 个字段；若想显示数字 1，需要点亮数码管 b 和 c 共 2 个字段；若想显示数字 2，需要点亮数码管 a、b、g、e 和 d 共 5 个字段。

以此类推，数码管显示数字 0~9 需要被点亮的字段以及这些字段对应的数码管管脚见表 4-1-1。

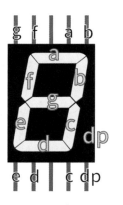

图 4-1-4　点亮数码管

表 4-1-1　一位数码管每个数字相关字段和管脚对应关系

数字	数码管点亮字段	数码管对应控制管脚
0	a、b、c、d、e、f	7、6、4、2、1、9
1	b、c	6、4
2	a、b、g、e、d	7、6、10、1、2
3	a、b、g、c、d	7、6、10、4、2
4	f、g、b、c	9、10、6、4
5	a、f、g、c、d	7、9、10、4、2
6	a、f、e、d、c、g	7、9、1、2、4、10
7	a、b、c	7、6、4
8	a、b、c、d、e、f、g	7、6、4、2、1、9、10
9	g、f、a、b、c、d	10、9、7、6、4、2

若使用的是共阳极数码管，要想点亮某个字段，需要使用 digitalWrite () 函数控制该字段对应管脚为低电位；若使用的是共阴极数码管则控制该字段对应管脚为高电位。

引导问题 3

简述数码管共阴极和共阳极的区分方法。

_____

_____

_____

引导问题 4

简述静态显示和动态显示的优劣。

_____

_____

_____

二、四位数码管的原理与使用

（一）四位数码管的原理

四位数码管可以认为是把四个一位数码管封装在一起形成的。它一共有 12 个管脚，其中有 8 个是字段管脚，4 个是位管脚（也可以称为公共端）。

四位数码管的控制电路如图 4-1-5 所示。管脚 1、2、3、4、5、7、10、11 为字段管脚（又称段选管脚），管脚 6、8、9、12 为四个数码管的位管脚（又称位选管脚）。四位数码管的外观和管脚编号如图 4-1-6 所示。

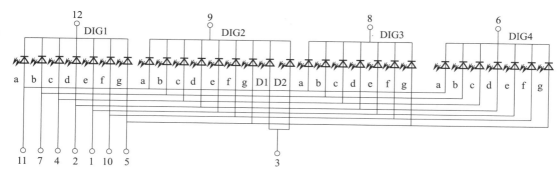

图 4-1-5　四位数码管控制电路

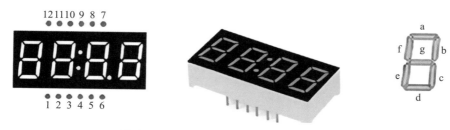

图 4-1-6　四位数码管外观及管脚编号

数码管共阴极和共阳极的区分方法：若公共端接地，其他端接电源正极，各端测试均能点亮，说明数码管是共阴极的；若公共端接电源正极，其他端分别接地，测得各端均能点亮，则说明数码管是共阳极的。

（二）四位数码管的控制

四位数码管的控制方式主要有两种，分别为静态显示和动态显示。

静态显示又称为静态驱动，也称直流驱动。静态驱动的特点是每个数码管的每一个段码都由一个单片机的 I/O 端口进行驱动。当输入一次字形码后，显示字形可一直保持，直到输入新字形码为止，这种方法的优点是占用 CPU 时间少、编程简单、显示亮度高、显示便于监测和控制。缺点是硬件电路比较复杂（每个数码管的段选管脚必须接一个 8 位数据线来保持显示的字形码，占用 I/O 端口多，如驱动 5 个数码管静态显示则需要 5 个 ×8=40 个 I/O 端口来驱动），成本较高。

动态显示是将所有数码管的 8 个显示笔画"a、b、c、d、e、f、g、dp"的同名端连在一起，另外为每个数码管的公共端增加位选通控制电路，位选通由各自独立的 I/O 线控制，当单片机输出字形码时，所有数码管都接收到相同的字形码，但究竟是哪个数码管会显示出字形，取决于单片机对位选通公共端电路的控制，所以我们只要将需要显示的数码管的选通控制打开，该位就显示出字形，没有选通的数码管就不会亮。通过分时轮流控制各个数码管的公共端，就能使各个数码管轮流受控显示，这就是动态显示。在轮流显示过程中，每位数码管的点亮时间为 1~2ms，由于人的视觉暂留现象及发光二极管的余辉效应，尽管实际上各位数码管并非同时点亮，但只要扫描的速度足够快，给人的印象就是一组稳定的显示数据，不会有闪烁感。动态显示的效果和静态显示是一样的，能够节省大量的 I/O 端口，而且功耗更低。

本书采用动态显示方式控制数码管显示，并开发了相应的四位数码管扩展板。四位数码管扩展板使用了 Arduino UNO 控制板上的 2、3、4、5、6、7、8、9、10、11、A4、A5 共 12 个管脚（其中 A4、A5、3、2 是公共端）。每位数码管都有一个公共端，A4、A5、3、2 四个管脚分别对应四位数码管的公共端。11、9、7、5、4、10、8、6 管脚分别连接了数码管的 a、b、c、d、e、f、g、D1、D2（D1、D2 代表数码管中间的两个点）。四位数码管每个数字相关字段和管脚对应关系见表 4-1-2。

表 4-1-2　四位数码管每个数字相关字段和管脚对应关系

数字	数码管点亮字段	数码管对应控制管脚	Arduino UNO 控制板对应控制管脚
0	a、b、c、d、e、f	11、7、4、2、1、10	11、9、7、5、4、10
1	b、c	7、4	9、7
2	a、b、g、e、d	11、7、5、1、2	11、9、8、4、5
3	a、b、g、c、d	11、7、5、2	11、9、8、7、5
4	f、g、b、c	10、5、7、4	10、8、9、7
5	a、f、g、c、d	11、10、5、2	11、10、8、7、5
6	a、f、e、d、c、g	11、10、1、2、4、5	11、10、4、5、7、8
7	a、b、c	11、7、4	11、9、7
8	a、b、c、d、e、f、g	11、7、4、2、1、10、5	11、9、7、5、4、10、8
9	g、f、a、b、c、d	5、10、11、7、4、2	8、10、11、9、7、5

❓ 引导问题 5

简述 for 语句各参数的解释。

_____

_____

_____

三、点亮数码管用到的语句

本任务中将用到前面的数字输出对应函数 "digitalWrite (pin, value)"，在米思齐软件中对应的程序模块如图 4-1-7 所示。

图 4-1-7　米思齐软件中对应程序模块

为了能更简便地实现将所有输出管脚复位为高电位，本任务中还用到遍历循环 for 语句，如图 4-1-8 所示。

for(inti=初始值；i<=目标值；i++)
{每个循环需要执行的语句块}

图 4-1-8　遍历循环 for 语句

for 语句解释如下。"int i= 初始值"为初始化表达式，"i<= 目标值"为判断表达式，"i++"为循环表达式。

先执行初始化表达式，再根据判断表达式的结果判断是否执行循环，当判断表达式判断结果为真（true）时，执行循环中的语句，最后执行循环表达式，并继续返回循环的开始进行新一轮的循环；表达式判断结果为假（false）时则不执行循环，并退出 for 循环。

❓ 引导问题 6

子函数是什么？它在较为复杂的程序中使用又会有什么优点？

_____

_____

_____

四、子函数

（一）子函数的定义（声明）

子函数可以理解为是一段可以实现某个特定功能的程序模块，能被其他程序调用，在实现某种功能后能自动返回到调用程序的程序。其最后一条指令一定是返回指令，故能保证重新返回到调用它的程序中去。子函数也可调用其他子函数，甚至可自身调用（如递归）。

Arduino 子函数的定义或声明，必须在循环函数的下面。子函数声明的一般形式为 "< 返回类型 > < 函数名 >（[< 形参类型 1>][< 形参 1>]，[< 形参类型 2>][< 形参 2>]，… ）；"。

例如子函数 void Refresh （int i）使用时的形式如下。

```
void Refresh ( int i )
{
digitalWrite ( a, HIGH ) ;
digitalWrite ( b, HIGH ) ;
......
}
```

其中，void Refresh（int i）称为函数的首部。函数首部的 "void" 意为无返回值类型，即这个函数不需要返回任何值；函数首部的 "Refresh" 称为函数的名字，简称函数名。函数首部的 "int i" 称为函数的形式参数。形式参数理论上可以有无穷多个 [也可以为空，即不带形式参数，在实训案例中可以理解为不带传递参数，因此上述子函数可写为 void Refresh ()]，现实情况下一般不超过 5 个。形式参数中，即使多个参数都是 int 类型的，也要分别定义 [例如 void Refresh (int i, int j)，不可以写成 void Refresh (int i, j)]。形式参数可以在函数中直接使用，无须再次定义。形式参数用来提醒调用者要按照要求提供传递数据，然后根据提供的数据在函数中进行计算。子函数 "{ }" 中的就是函数体的内容，子函数需要进行的所有操作都要放在这对大括号中。

（二）子函数的调用

只要定义好子函数，就可以在程序中调用子函数。子函数调用的一般形式为 "< 函数名 >([< 实际参数列表 >]);"。

例如主函数中的 "Refresh (500);"，就是调用了子函数 Refresh。500 称为实际参数，实际参数和形式参数必须一一对应，数量应该相同，类型也保持一致。若定义子函数时不带传递参数定义为 void Refresh ()，则调用时写成 Refresh () 即可。

（三）子函数的特点

子函数有以下几个特点。

1）子函数是程序中的某部分代码，由一个或多个语句块组成。子函数一般负责完成某项特定任务，与程序中其他代码相比具有相对的独立性。

2）类似 Arduino 的内建函数 digitalWrite 和 delay，一些子函数也可以被编写定义来完成一些特定的任务。所有被定义的子函数都可以在程序中的任意位置被调用，当子函数运行完成后，主程序将继续运行调用函数后面的语句。

3）使用子函数可以按照功能实现对语句块进行归类，增强程序可读性，便于维护和修改。

（四）子函数的优点

在较为复杂的程序中，使用子函数主要的优点如下。

1）降低整个程序的复杂性，增强可读性。使用子函数的首要原因是降低程序的复杂性，可以使用子函数来隐含信息，从而使你不必再考虑这些信息，使程序更容易读懂。

2）可以避免代码段重复，使程序更小更紧凑。子函数使用的典型情况是在程序需要多次执行相同的动作时，使用子函数最普遍的原因是避免代码段重复。

3）便于修改，可以限制改动带来的影响。由于在独立区域进行改动，出错概率降低，并且改动带来的影响也只限于一个或最多几个区域中。可以把最可能改动的区域设计成最容易改动的区域。

4）可以改进性能。通过使用子函数，可以只在一个地方，而不是同时在几个地方优化代码段。把相同代码段放在子函数中，可以通过优化这一子函数而使得其余调用这个子函数的子函数全部受益。

任务分组

学生任务分配表

班级		组号		指导老师	
组长		学号			
组员	姓名：＿＿＿＿　学号：＿＿＿＿ 姓名：＿＿＿＿　学号：＿＿＿＿ 姓名：＿＿＿＿　学号：＿＿＿＿ 姓名：＿＿＿＿　学号：＿＿＿＿		姓名：＿＿＿＿　学号：＿＿＿＿ 姓名：＿＿＿＿　学号：＿＿＿＿ 姓名：＿＿＿＿　学号：＿＿＿＿ 姓名：＿＿＿＿　学号：＿＿＿＿		
任务分工					

工作计划

引导问题 7

查阅相关资料，了解实现四位数码管控制所需要对应连接的数码管管脚和控制板管脚。

＿＿

＿＿

引导问题 8

扫描二维码观看点亮数码管实现显示"123"的操作视频，并结合获取到的相关信息、前面所学习到的知识及小组讨论的结果，制定工作方案，并填写工作计划表。

文本编程实现四位数码管的使用

工作计划表

步骤	作业内容	负责人
1		
2		
3		
4		
5		
6		

进行决策

1.各组派代表阐述资料查询结果。

2.各组就各自的查询结果进行交流，并分享技巧。

3.教师结合各组的完成情况进行点评，选出最佳方案。

任务实施

按照引导问题 8 右侧视频操作，实现数码管控制显示功能，并完成工单。

数码管控制显示的实现
记录

1. 一位数码管由_____段发光二极管组成，数码管出现"6789"需要_____段发光二极管工作。

2. 当四位数码管所有的发光二极管都工作时，出现的四个数字是_____。

6S 现场管理			
序号	操作步骤	完成情况	备注
1	建立安全操作环境	已完成□　未完成□	
2	清理及整理工具量具	已完成□　未完成□	
3	清理及复原设备正常状况	已完成□　未完成□	
4	清理场地	已完成□　未完成□	
5	物品回收和环保	已完成□　未完成□	
6	完善和检查工单	已完成□　未完成□	

评价反馈

1.各组代表展示汇报 PPT，介绍任务的完成过程。

2.以小组为单位，对各组的操作过程与操作结果进行自评和互评，并将结果填入综合评价表中的小组评价部分。

3. 教师对学生工作过程与工作结果进行评价，并将评价结果填入综合评价表中的教师评价部分。

综合评价表

姓名		学号		班级		组别	
实训任务							
评价项目		评价标准			分值	得分	
小组评价	计划决策	制定的工作方案合理可行，小组成员分工明确			10		
	任务实施	能正确编写并上传程序实现点亮一个字段			10		
		能正确使用并理解子函数			20		
		能正确上传程序实现数码管切换显示"1""2""3"			20		
	任务达成	能按照工作方案操作，按计划完成工作任务			10		
	工作态度	认真严谨、积极主动、安全生产、文明施工			10		
	团队合作	与小组成员、同学之间能合作交流、协调工作			10		
	6S 管理	完成竣工检验、现场恢复			10		
		小计			100		
教师评价	实训纪律	不出现无故迟到、早退、旷课现象，不违反课堂纪律			10		
	方案实施	严格按照工作方案完成任务实施			20		
	团队协作	任务实施过程互相配合，协作度高			20		
	工作质量	能正确上传程序实现数码管切换显示"1""2""3"			20		
	工作规范	操作规范，三不落地，无意外事故发生			10		
	汇报展示	能准确表达，总结到位，改进措施可行			20		
		小计			100		
综合评分		小组评分 ×50% + 教师评分 ×50%					
总结与反思							

（例：学习过程中遇到什么问题→如何解决的 / 解决不了的原因→心得体会）

任务二　实现数字秒表

学习目标

- 掌握一维数组的相关知识。
- 掌握二维数组的相关知识。
- 掌握数字秒表使用到的语句。
- 能正确使用一维数组编写并上传程序实现数码管"倒数"功能。
- 能正确使用二维数组编写并上传程序实现数码管秒表显示功能。
- 能根据视频正确实现数字秒表功能。
- 获得多途径检索知识、分析问题以及多元化思考解决问题的方法，形成创新意识。
- 具有良好的团队协作精神和较强的组织沟通能力。
- 具备良好的职业道德，尊重他人劳动，不窃取他人成果。

知识索引

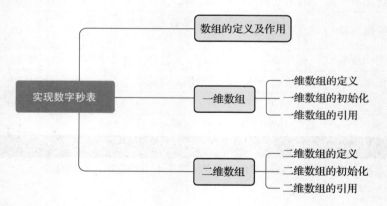

情境导入

　　为了实现在数码管中显示时间，仅仅是在数码管上显示数字还远远不够，时间是会变化的，作为 Arduino 工程师的你决定先制作一个数字秒表，作为显示时间的一部分。

获取信息

引导问题 1

怎样定义一个一维数组？

_____

_____

_____

一、数组的定义及作用

数组由若干个类型相同的元素组成，每个元素就是一个变量，每个数组都有一个名称，称为数组名。也可以认为数组是一种可通过索引号进行访问的同类型变量集合。数组根据使用可以分为一维数组、二维数组和多维数组。

数组在大数量的字符处理和字符串处理中得到广泛使用。在程序中合理地使用数组，会使程序的结构比较整齐，而且可以把较为复杂的运算转化成简单的数组来表示。

比如一位数码管显示的数字和每个管脚的电位状态之间有一定的关系，那么我们就可以把它显示数字的相应字段和一维数组的下标对应起来，将具体的电位状态放在数组中，这样的话就非常方便我们在日后查询。

二、一维数组

（一）一维数组的定义

一维数组是最简单的数组，其逻辑结构是线性表。一维数组的数组元素只有一个下标（引用数组时方括号内的常量称为下标）。在 C 语言程序中使用数组必须先进行定义。定义一维数组的一般形式为"数据类型 数组名 [整型常量表达式]"。其中，数据类型是任一种基本数据类型或构造数据类型。数组名是用户定义的数组标识符（数组名称）。方括号中的整型常量表达式表示数据元素的个数，也称为数组的长度。

例如"int a[10]"包含了以下几个含义。

1）表示定义了一个名为 a 的一维数组。

2）方括号中的"10"表示该数组最多有 10 个元素。

3）数据类型"int"表示这 10 个元素全部为整型变量，对于同一个数组来说，其所有的元素类型都是相同的。

⚠ 注意：

　　1）数组名不能与其他变量名相同。

　　2）不能在方括号内用变量来表示元素个数，但是可以使用符号常数（例如"#define A 100;"相当于定义了符号 A 表示 100 这个数值）或常量表达式（例如 2+3 即代表 5）。

（二）一维数组的初始化

数组的初始化是用来实现对数组的每个元素赋初始值的。虽然有的编译器会自动对数组赋初始值，但为了安全起见，建议用户自己对数组赋初始值。对一维数组初始化的一般形式为"数据类型 数组名 [长度]={ 数值 1，数值 2，…，数值 n}；"。

例如"int a[8] = {0，0，0，0，0，0，1，1}；"包含了以下几个含义。

1）声明并定义了一个长度为 8 的整型数组"a[8]"。

2）对数组的每一个元素进行了初始化，一维数组的下标从 0 开始。即 int a[0]= 0、int a[1]=0、int a[2]=0……int a[7]=1（这里中括号内的 0、1、2……7 就是数组的下标）。

⚠ 注意：

> 1）若对数组中所有的元素都赋予了初始值，可以不指定数组的长度，系统将自动根据赋值的个数来确定数组的长度。上述"int a[8] = {0，0，0，0，0，0，1，1}；"可以写成"int a = {0，0，0，0，0，0，1，1}；"。
>
> 2）若只对数组中的部分元素赋予初始值（赋值个数比元素少），则系统会自动为其他元素赋初始值 0；若赋值个数比元素多，则编译时会出错。
>
> 3）若只声明定义数组，而不为数组赋值，则数组中的元素值是不确定的。

（三）一维数组的引用

一维数组的引用就是对一维数组元素的使用，数组定义好并初始化后就可以使用（或称为调用）。引用一维数组的一般形式为"数组名 [下标]"。

例如对数组"int a[8] = {0，1，2，3，4，5，6，7}"进行引用的语句"int a[i]"，当 i=7 时表示引用了第 8 个数值（即 int a[7]=7）。

⚠ 注意：在使用数组元素时，数组元素中的下标表达式的值必须是整型。下标值的下限为 0，值的上限为该数组元素的个数减 1，使用数组时注意其下标不要越界。如果下标越界，程序无法得到正确的结果。

❓ **引导问题 2**

int a[2][4] ={0, 1, 0, 1, 1, 0, 1, 0} 中，a[1][0]=_____，a[2][0]=_____，a[2][3]=_____。

三、二维数组

（一）二维数组的定义

二维数组本质上是以数组作为数组元素的数组，即"数组的数组"。二维数组又称为矩阵，通常有两个下标（第一个下标表示行，第二个下标表示列），行列数相等的矩阵称为方阵。也可以将二维数组看作一个 Excel 表格，有行有列，第一个下标表示行数，第二个下标表示列数，要在二维数组中定位某个元素，必须同时指明行和列。

定义二维数组的一般形式为"数据类型 数组名 [整型常量表达式][整型常量表达式]"。其中，数据类型是任一种基本数据类型或构造数据类型。数组名是用户定义的数组标识符（数组名称）。方括号中的第一个整型常量表达式可以理解为数据元素的行数，第二个整型常量表达式可以理解为数据元素的列数。

例如：

```
int a[4][5]={
            {a[0][0], a[0][1], a[0][2], a[0][3], a[0][4]},
            {a[1][0], a[1][1], a[1][2], a[1][3], a[1][4]},
            {a[2][0], a[2][1], a[2][2], a[2][3], a[2][4]},
            {a[3][0], a[3][1], a[3][2], a[3][3], a[3][4]},
            };
```

该段代码包含了以下几个含义。

1）表示定义了一个名为 a 的二维数组。

2）方括号中的"4"可以理解为该二维数组由长度为 4 的一维数组构成；方括号中的"5"可以理解为其中每个一维数组的长度为 5。也可以理解为二维数组是一个 4 行 5 列的矩阵。

3）和一维数组一样，对于同一个二维数组来说，其所有的元素类型都是相同的。

⚠ 注意：若对数组中所有的元素都赋予了初始值，也可以不指定数组的行数和列数，系统将自动根据赋值来确定数组的行数和列数。

（二）二维数组的初始化

二维数组的初始化是用来实现对二维数组的每个元素赋初始值，其赋值方式有多种，这里介绍常用的两种赋值方式——分段赋值和连续赋值。例如对于数组"a[2][4]"，其初始化赋值代码的形式如下。

分段赋值：

```
int a[2][4]=
            {{0, 1, 0, 1}, {1, 0, 1, 0}};
```

也可写作：

```
int a[2][4]=
            {
            {0, 1, 0, 1},
            {1, 0, 1, 0}
            };
```

连续赋值：

```
int a[2][4]=
            {0, 1, 0, 1, 1, 0, 1, 0};
```

数组"int a[2][4]"的初始化赋值代码具有以下含义。

1）声明并定义了一个2行4列的整型数组"a[2][4]"。

2）对数组的每一个元素进行了初始化，二维数组的下标从0开始，即 int a[0][0]=0、int a[0][1]=1、int a[0][2]=0、int a[0][3]=1、int a[1][0]=1、int a[1][1]=0、int a[1][2]=1、int a[1][3]=0（这里中括号内的0、1、2、3就是数组的下标）。

⚠ 注意：

1）初始化二维数组采用分段赋值方式时，元素与元素间用逗号分隔；每一行用一对大括号包含该行所有元素；行与行之间使用逗号分隔；整个数组再用另外一对大括号包围起来；最后一定用一个分号结束二维数组的设定。

2）若只对数组中的部分元素赋予初始值（赋值个数比元素少），则系统会自动为其他元素赋初始值0；若赋值个数比元素多，则编译时会出错。

（三）二维数组的引用

二维数组的引用就是对二维数组元素的使用，数组定义好并初始化后就可以使用（或称为调用）。引用二维数组的一般形式为"数组名 [下标1] [下标2]"。

例如对上述数组"int a[2][4] ={0, 1, 0, 1, 1, 0, 1, 0}"进行引用的语句"int a[i][j]"，当 i=1，j=2 时表示引用了第2行第3列的"1"这个值（即 int a[1][2]=1）。

任务分组

学生任务分配表

班级				组号			指导老师	
组长				学号				
组员	姓名：_____ 学号：_____		姓名：_____ 学号：_____					
	姓名：_____ 学号：_____		姓名：_____ 学号：_____					
	姓名：_____ 学号：_____		姓名：_____ 学号：_____					
	姓名：_____ 学号：_____		姓名：_____ 学号：_____					
任务分工								

工作计划

引导问题 3

扫描二维码观看利用一维数组实现"倒数"功能和利用二维数组实现秒表功能的操作视频，并结合获取到的相关信息、前面所学习到的知识及小组讨论的结果，制定工作方案，并填写工作计划表。

文本编程实现倒数功能的制作

文本编程实现秒表效果的制作

工作计划表

步骤	作业内容	负责人
1		
2		
3		
4		
5		
6		

进行决策

1. 各组派代表阐述资料查询结果。
2. 各组就各自的查询结果进行交流，并分享技巧。
3. 教师结合各组的完成情况进行点评，选出最佳方案。

任务实施

按照引导问题 3 右侧视频操作，实现数字秒表功能，并完成工单。

数字秒表的实现
记录

1. 利用一维数组实现"倒数"功能中，需要用到几位数码管？分别是哪几位数码管？

_____

_____

_____

2. 数码管显示"6789"需要_____段发光二极管工作。

3. 简单描述秒表的控制逻辑。

_____

_____

_____

（续）

	6S 现场管理		
序号	操作步骤	完成情况	备注
1	建立安全操作环境	已完成□　未完成□	
2	清理及整理工具量具	已完成□　未完成□	
3	清理及复原设备正常状况	已完成□　未完成□	
4	清理场地	已完成□　未完成□	
5	物品回收和环保	已完成□　未完成□	
6	完善和检查工单	已完成□　未完成□	

评价反馈

1. 各组代表展示汇报 PPT，介绍任务的完成过程。

2. 以小组为单位，对各组的操作过程与操作结果进行自评和互评，并将结果填入综合评价表中的小组评价部分。

3. 教师对学生工作过程与工作结果进行评价，并将评价结果填入综合评价表中的教师评价部分。

综合评价表

姓名		学号		班级		组别	
实训任务							
评价项目		评价标准				分值	得分
小组评价	计划决策	制定的工作方案合理可行，小组成员分工明确				10	
	任务实施	正确理解一维数组和二维数组的使用				10	
		能正确使用一维数组编写并上传程序实现数码管"倒数"功能				20	
		能正确使用二维数组编写并上传程序实现数码管秒表显示功能				20	
	任务达成	能按照工作方案操作，按计划完成工作任务				10	
	工作态度	认真严谨、积极主动、安全生产、文明施工				10	
	团队合作	与小组成员、同学之间能合作交流、协调工作				10	
	6S 管理	完成竣工检验、现场恢复				10	
		小计				100	
教师评价	实训纪律	不出现无故迟到、早退、旷课现象，不违反课堂纪律				10	
	方案实施	严格按照工作方案完成任务实施				20	
	团队协作	任务实施过程互相配合，协作度高				20	

（续）

评价项目		评价标准	分值	得分
教师评价	工作质量	能正确运用一维数组的知识，编写代码并上传程序实现"倒数"功能	20	
	工作规范	操作规范，三不落地，无意外事故发生	10	
	汇报展示	能准确表达，总结到位，改进措施可行	20	
		小计	100	
综合评分		小组评分 × 50% ＋ 教师评分 × 50%		

总结与反思

（例：学习过程中遇到什么问题→如何解决的 / 解决不了的原因→心得体会）

任务三　实现点亮"笑脸"

学习目标

- 了解 LED 点阵电路的原理。
- 了解微秒级的延时函数。
- 能正确使用 LED 点阵扩展板。
- 能正确编写并上传程序实现点阵模块显示"笑脸"。
- 能正确编写并上传程序实现点阵模块显示多种图案。
- 能根据视频正确实现点亮"笑脸"功能。
- 获得多途径检索知识、分析问题以及多元化思考解决问题的方法，形成创新意识。
- 具有良好的团队协作精神和较强的组织沟通能力。
- 具备良好的职业道德，尊重他人劳动，不窃取他人成果。

知识索引

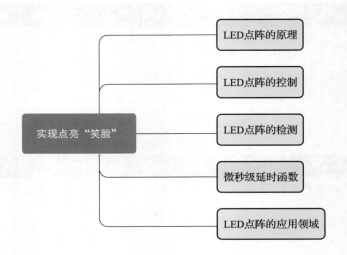

情境导入

实现了时间显示后，主管给身为 Arduino 工程师的你一个新的任务，公司即将周年庆，需要你根据自身岗位技能开发一个庆祝标志的设计，你想到使用 LED 的亮灭实现一个笑脸的呈现。

获取信息

引导问题 1

共阳极和共阴极的线路是怎样连接的，有什么区别？

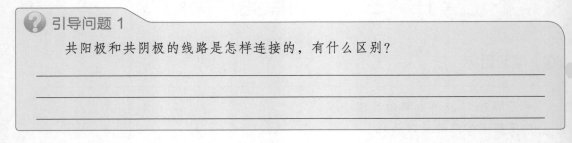

一、LED 点阵的原理

把多个 LED 封装在一起就构成一个 LED 点阵显示模块，其中最典型的是 8×8 LED 点阵模块。8×8 LED 点阵模块由 8 行 8 列共 64 个 LED 组成，其结构为每一行中的 LED 的正极或者负极连接在一块并组成矩阵。和数码管类似，LED 点阵显示模块分为共阳极和共阴极两种，在一个共阳极 LED 点阵模块里，把每一行中 LED 的阳极连接在一起，每一列中 LED 的阴极连接在一起。共阴极模块则正好相反。共阳极和共阴极模块的控制电路如图 4-3-1 所示。

本书使用的 8×8 LED 点阵模块的外观及内部电路结构如图 4-3-2 所示。图中字母 R（单词 Row 的首字母）指代"行"；字母 C（单词 Column 的首字母）指代"列"。

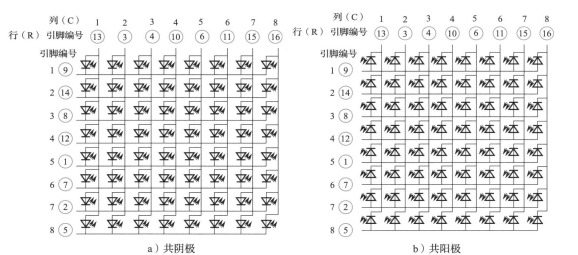

a）共阴极　　　　　　　　　　　　　　b）共阳极

图 4-3-1　LED 点阵模块内部控制电路

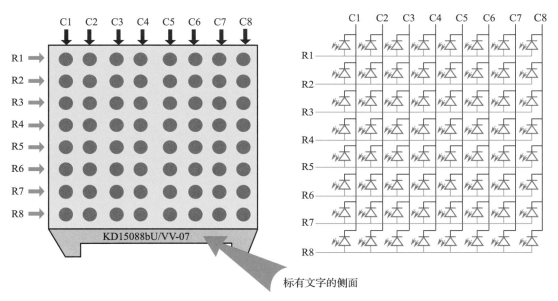

标有文字的侧面

图 4-3-2　LED 点阵模块外观及内部电路结构

图 4-3-2 所示属于行共阳极的连接方式，本书后面案例中采用的就是这种行共阳极连接方式的点阵模块。国产点阵模块各引脚对应的名称一般如图 4-3-3 所示，对于采用行共阳极连接方式的点阵模块，"R5"表示该引脚控制第 5 行发光二极管的正极，"C8"则表示该引脚控制第 8 列发光二极管的负极，以此类推。

本书中的 LED 点阵模块使用 Arduino UNO 控制板上的 2、3、4、5、6、7、8、9、10、11、12、13、A0（14）、A1（15）、A2（16）、A3（17）共 16 个管脚。其中 2、7、A3、5、13、A2、12、A0 连接点阵模块正极，引脚按 R1~R8（对应实训用 LED 点阵模块引脚为 S1~S8）的顺序排序；6、11、10、3、A1、4、8、9 连接点阵模块负极，引脚按 C1~C8（对应实训用 LED 点阵模块引脚为 D1~D8）的顺序排序。其中，每个负极引脚连接 220Ω 的电阻，电路原理如图 4-3-4 所示（其中 D 代表 Arduino UNO 控制

板的数字输入 / 输出引脚，A 代表模拟输入引脚）。

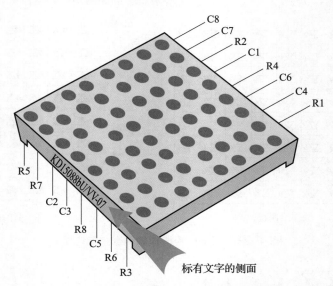

图 4-3-3　LED 点阵模块各引脚对应的名称

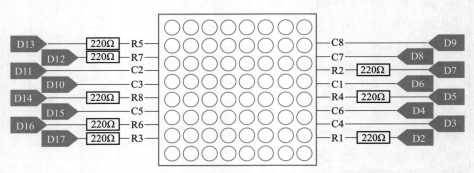

图 4-3-4　LED 点阵模块各引脚对应 Arduino UNO 控制板连接关系

引导问题 2

　　如何在点亮单个 LED 的同时不使在其同一行或同一列中的其他 LED 也被点亮？

_____

_____

二、LED 点阵的控制

　　通过上述原理介绍可知，LED 点阵模块的所有行或列的引线连在一起，其原因是最小化所需引脚的数量。如果不采用这种方法，一个单色 8×8 LED 点阵模块就要用到 65 个引脚（每一个 LED 需要一个引脚加上一个共阴极或共阳极引脚），而使用把行和列连起来的方法只需要 16 个引脚。如果想采用静态显示的方式点亮一个特定位置上的特定 LED（例如点亮一个共阳极 LED 点阵模块第 2 行、第 7 列的 LED），可以给第 2 行的阳极通电，第 7 列的阴极接地，则第 2 行第 7 列的 LED 将被点亮。

如果还想同时点亮第 6 行、第 2 列的 LED，则还要给第 6 行的阳极通电，第 2 列阴极接地，此时第 6 行、第 2 列的 LED 将被点亮。但是因为第 2 行、第 7 列也施加了电流，所以第 2 行、第 2 列和第 6 行、第 7 列的 LED 也将被点亮（即 4 个 LED 同时被点亮），如图 4-3-5 所示。

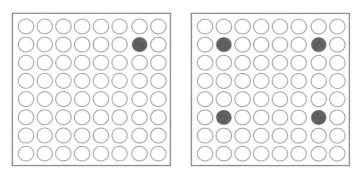

图 4-3-5　点亮 LED 的情况

也就是说给第 2 行和第 6 行 LED 供电，第 2 列和第 7 列接地，在不关掉希望点亮的 LED（第 2 行、第 7 列和第 6 行、第 2 列的 LED）的前提下，不能关闭不希望点亮的 LED（第 2 行、第 2 列和第 6 行、第 7 列的 LED）。这样没有办法只点亮所需要的 LED 而不点亮不需要的 LED，因为它们的行列线连在一起。若要分别点亮每一个 LED，唯一的办法是每一个 LED 都引出一个独立的引脚，这意味着引脚数会从 16 增加到 65。一个有 65 个引脚的点阵模块将非常难以接线和控制，因为所需要的微控制器至少要有 64 个数字输出引脚。

为了解决这个问题，采用动态显示技术可以解决上面所提到的显示模块中各 LED 引脚不独立的问题。动态显示技术是一种在同一时间只开一行显示的技术。从点阵第 1 行开始，给第 1 行阳极通电，选择第 1 行中需要点亮的 LED 的对应列，给其阴极接地，这样可实现第 1 行需要点亮的 LED 被点亮。随后，关闭第 1 行，打开第 2 行，从第 2 行到第 8 行依次执行与第 1 行相同的操作，实现依次点亮每一行对应的 LED，直到最后一行[4]。之后，重新从第一行开始。如果运行得足够快（频率大约为 100Hz，即每秒 100 次），那么由于视觉暂留现象（已经消失的图像可在视网膜上停留 1/25s）将使图像看起来是静态显示的，尽管每行是按顺序交替开关的。

通过使用该项技术，可以点亮单个 LED 而没有使在同一行或同一列中的其他 LED 也被点亮。例如，如果要在 LED 点阵模块上显示图 4-3-6 所示的图形，则每一行将像图 4-3-7 一样被点亮。通过以非常快的频率（大于 100Hz）向下扫描每一行点亮该行相应列中的 LED，人类的眼睛将以静态的方式感知这个图像，因此在 LED 点阵模块

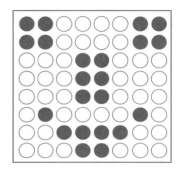

图 4-3-6　LED 点阵模块
显示"笑脸"

上可以看到一个"笑脸"图像。

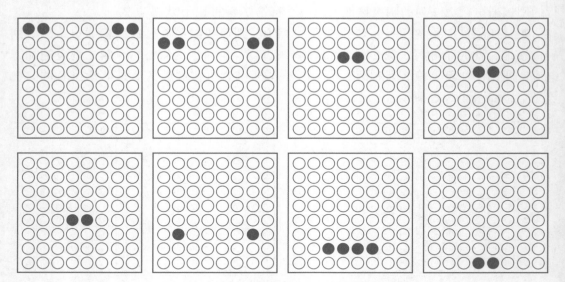

图 4-3-7 LED 点阵模块点亮"笑脸"的过程

❓ 引导问题 3

当在检测 LED 点阵模块引脚时，第 4 行第 7 列的灯亮了，则红色表笔对应的引脚名称是_____，黑色表笔对应的引脚名称是_____。

三、LED 点阵的检测

如果不确定 LED 点阵模块各引脚对应的名称，可以使用万用表检测。先将万用表拨到通断档（或小电阻测试档），用红色探针（输出高电位）随意选择一个引脚，黑色探针触碰余下的引脚，看点阵模块有没有发光，当点阵模块发光时，则这时红色探针接触的那个引脚为正极，黑色探针碰到就发光的 8 个引脚为负极，剩下的 7 个引脚为正极。记下亮灯时对应引脚的行列号，可以确定每个引脚对应控制的发光二极管。如图 4-3-8 所示，第 5 行第 8 列亮灯，说明这时候红色探针触碰的引脚名称是 R5（对应实训用 LED 点阵模块为 S5），黑色探针碰触的引脚名称是 C8（对应实训用 LED 点阵模块为 D8）。

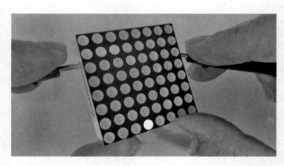

图 4-3-8 LED 点阵模块引脚的检测方法

若红色探针第一次选择的引脚，用黑色探针碰触其他所有引脚都没有发光，说明这时候红色探针碰触的引脚为负极，然后改用黑色探针碰触该引脚，用红色探针去碰触其余引脚，方法类似前文所述。

❓ 引导问题 4

delayMicroseconds () 延时函数的单位是＿＿＿＿＿＿＿。

四、微秒级延时函数

因为每轮需要扫描 8 行 8 列共 64 个发光二极管，如果每个发光二极管发光持续时间 1ms，会导致每轮间隔时间约为 64ms，这时点阵显示的图像会出现明显的闪烁。因此，设置每个发光二极管状态保持时间为 200μs。与以毫秒为单位的延时函数 delay () 不同，这里使用的是以微秒为单位的延时函数 delayMicroseconds ()。

❓ 引导问题 5

LED 点阵的应用领域有哪些？

_____

_____

五、LED 点阵的应用领域

LED 点阵具有亮度高、发光均匀、可靠性好、接线简单、拼装方便等优点，能构成各种尺寸的显示屏，因此，它被广泛应用于大型 LED 智能显示屏、智能仪器仪表和机电一体化设备的显示屏中，取得了较好的效果。随着微电子技术、计算机技术及信息处理技术的发展，LED 点阵显示屏正作为一种新的传媒工具，在越来越多的领域（广告、金融、交通、文艺、商业、体育、工业、教学）中发挥作用。

 拓展阅读

LED 点阵显示屏于 20 世纪 80 年代后期在全球迅速兴起，是随着计算机、微电子、光电子技术发展而出现的新型信息显示媒体技术，广泛应用于室内外、各类公共系统需要进行信息展示的公共场所，已经应用于金融证券、体育、机场、铁路公路交通、商业广告等诸多领域。

2003—2010 年，液晶显示器（Liquid Crystal Display，LCD）应用与技术得到了空前发展，京东方、天马微电子、华星光电等企业坚持自主研发、技术创新，加上更低的人力成本优势，中国企业在显示器面板行业完成了"弯道超车"。2011 年，中国的 LCD 专利申请数量超过了韩国；2018 年，中国在全球率先开始量产 10.5 代 LCD 面板生产线，同年，市场占有率也超过了韩国；

2020 年，中国在 LCD 市场的占有率已经超过了 50%，独步全球。

如今，全球显示屏行业正经历着从 LCD 技术向有机发光二极管（Organic Light Emitting Diode，OLED）技术过渡的新一轮技术变迁，OLED 技术比 LCD 技术应用范围更加广泛，可以延伸到电子产品领域、商业领域、交通领域、工业控制领域、医用领域当中。

日常生活中人们接触最多的是商业领域的各类机器使用的屏幕，如复印机、自助取款机可安装小尺寸的 OLED 屏幕，因其具有可弯曲、轻薄、抗衰性能强等特性，既美观又实用；大尺寸的 OLED 屏幕具有广视角、亮度高、色彩鲜艳、视觉效果好的特点，可以用于各类公共区域的信息展示屏、商务宣传屏、广告投放屏幕等。

在电子产品中，OLED 屏幕应用最为广泛的产品是智能手机，其次是便携式计算机（笔记本电脑、平板电脑）、台式计算机显示器等。尤其是在智能手机市场中，OLED 屏幕凭借着出色的显示效果、低功耗以及高响应速度，成为现在高端手机的标配。而在 OLED 领域内，韩国的三星、LG 等企业在技术和市场把控上占有优势，全球市场占有率位居前列。我国是全球最大的消费电子产品生产国、消费国和出口国，广大的终端应用市场是我国 OLED 产业发展最大的推动力量。数据显示，2019 年，我国手机、计算机和电视产量分别占全球总产量的 90%、90% 和 70% 以上，均稳居全球首位，下游终端应用需求旺盛。但 OLED 面板供应主要集中在韩国，国内 OLED 面板处于供不应求的状态。为加快我国 OLED 产业发展，我国在政策支持和产业研发上都做出了较大努力。

2012 年，我国推出《"十二五"国家战略性新兴产业发展规划》，明确提出加快推进 OLED 等新一代显示技术研发和产业化。此后几年，更多政策出台，鼓励和支持 OLED 材料、面板以及工艺等方面的创新发展，2015 年出台的《＜中国制造 2025＞重点领域技术路线图（2015 版）》中提出将柔性显示等新型显示材料作为发展重点。国内企业近几年在 OLED 领域上也奋发前进，发挥自家优势。2017 年，京东方第六代柔性有源矩阵有机发光二极管（Active-Matrix Organic Light Emitting Diode，AMOLED）生产线实现量产，一举打破三星垄断；2019 年，中国 OLED 专利数量超越韩国；2020 年，中国 OLED 市场占有率超过 13%，成为全球 OLED 供应第二极。2019 年，国产面板厂商的 OLED 面板出货量已达 1.05 亿块，相比上一年产量翻了三倍多。随着 5G、AI 时代的到来，人们对屏幕的需求会只增不减。OLED 技术应用将加速向智能手机、可穿戴设备、车载显示、交互式便携式计算机等高端电子消费领域渗透，市场空间巨大，OLED 也将迎来新一轮技术的研发和突破。

任务分组

学生任务分配表

班级			组号		指导老师	
组长			学号			
组员	姓名：_____ 学号：_____ 姓名：_____ 学号：_____ 姓名：_____ 学号：_____ 姓名：_____ 学号：_____			姓名：_____ 学号：_____ 姓名：_____ 学号：_____ 姓名：_____ 学号：_____ 姓名：_____ 学号：_____		
任务分工						

 **工作计划**

引导问题 6

扫描二维码观看视频，通过控制程序使 LED 点阵扩展板上的发光二极管工作，使不同位置的发光二极管点亮实现"笑脸"的效果，并结合获取到的相关信息、前面所学习到的知识及小组讨论的结果，制定工作方案，并填写工作计划表。

利用文本编程实现 LED 点阵的使用

工作计划表

步骤	作业内容	负责人
1		
2		
3		
4		
5		
6		
7		
8		

进行决策

1. 各组派代表阐述资料查询结果。
2. 各组就各自的查询结果进行交流，并分享技巧。
3. 教师结合各组的完成情况进行点评，选出最佳方案。

任务实施

按照引导问题 6 右侧视频操作，实现点亮"笑脸"功能，并完成工单。

点亮"笑脸"
记录

1. LED 点阵扩展板每个 LED 发光保持时间应为多少？

_____

_____

2. 点亮"笑脸"时有哪些位置的 LED 被点亮？

_____

_____

3. 简述点亮 LED 点阵扩展板的所有 LED 该怎么操作。

_____

_____

_____

6S 现场管理			
序号	操作步骤	完成情况	备注
1	建立安全操作环境	已完成□　未完成□	
2	清理及整理工具量具	已完成□　未完成□	
3	清理及复原设备正常状况	已完成□　未完成□	
4	清理场地	已完成□　未完成□	
5	物品回收和环保	已完成□　未完成□	
6	完善和检查工单	已完成□　未完成□	

评价反馈

1. 各组代表展示汇报 PPT，介绍任务的完成过程。
2. 以小组为单位，对各组的操作过程与操作结果进行自评和互评，并将结果填入综合评价表中的小组评价部分。
3. 教师对学生工作过程与工作结果进行评价，并将评价结果填入综合评价表中的教师评价部分。

综合评价表

姓名		学号		班级		组别	
实训任务							
评价项目		评价标准			分值	得分	
小组评价	计划决策	制定的工作方案合理可行，小组成员分工明确			10		
	任务实施	能正确使用 LED 点阵扩展板			10		
		能正确编写并上传程序实现点阵模块显示"笑脸"			20		
		能正确编写并上传程序实现点阵模块显示多种图案			20		
	任务达成	能按照工作方案操作，按计划完成工作任务			10		
	工作态度	认真严谨、积极主动、安全生产、文明施工			10		
	团队合作	与小组成员、同学之间能合作交流、协调工作			10		
	6S 管理	完成竣工检验、现场恢复			10		
		小计			100		
教师评价	实训纪律	不出现无故迟到、早退、旷课现象，不违反课堂纪律			10		
	方案实施	严格按照工作方案完成任务实施			20		
	团队协作	任务实施过程互相配合，协作度高			20		
	工作质量	正确编写并上传程序实现点阵模块显示"笑脸"			20		
	工作规范	操作规范，三不落地，无意外事故发生			10		
	汇报展示	能准确表达、总结到位、改进措施可行			20		
		小计			100		
综合评分		小组评分 ×50% + 教师评分 ×50%					
总结与反思							

（例：学习过程中遇到什么问题→如何解决的 / 解决不了的原因→心得体会）

能力模块五
掌握 Arduino 智能控制的应用

任务一　实现倒车雷达功能

学习目标

- 了解倒车雷达的基本知识。
- 了解声波频率的划分。
- 了解超声波声波测距模块的电路连接。
- 了解超声波模块的工作原理。
- 了解库函数的安装方法。
- 了解 1602 液晶显示模块常用的控制函数。
- 了解蜂鸣器的使用及其常用的控制函数。
- 能正确上传程序实现 LCD 动态和静态显示。
- 能正确上传程序实现泊车辅助系统功能。
- 能正确上传程序实现超声波测距。
- 能根据表单步骤及二维码相关内容正确实现倒车雷达功能。
- 获得多途径检索知识、分析问题以及多元化思考解决问题的方法，形成创新意识。
- 具有良好的团队协作精神和较强的组织沟通能力。
- 具备良好的职业道德，尊重他人劳动，不窃取他人成果。

知识索引

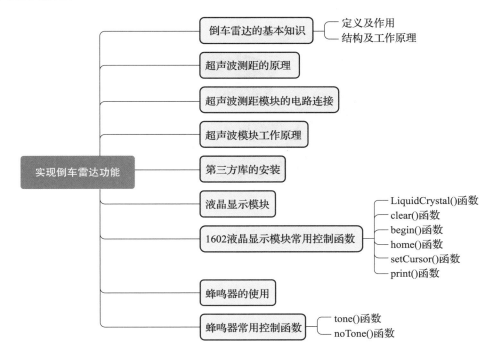

情境导入

作为 Arduino 工程师，今天主管希望你写出一个有关倒车雷达使用的程序，你将其拆分为 LCD 动态显示、LCD 静态显示、超声波测距、蜂鸣器和泊车辅助系统五个部分来实现这一功能。

获取信息

引导问题 1

倒车雷达是什么？它的作用是什么？

_____

_____

_____

一、倒车雷达的基本知识

（一）定义及作用

倒车雷达，或称泊车辅助系统，是一种安装在汽车前、后保险杠上，能在汽车泊车或者倒车时使用的安全辅助装置（图 5-1-1），它能够使用声音或者更为直观的显示方式告知驾驶员周围障碍物的情况，帮助驾驶员扫除视野死角和视线模糊的区域，提高驾驶的安全性。

图 5-1-1　泊车辅助系统探头安装位置

（二）结构及工作原理

倒车雷达通常包含超声波探头、控制主机以及显示提醒装置等部件，如图 5-1-2 所示。超声波探头集成了超声波发射和接收探测功能，控制主机则将超声波探头采集到的信号进行处理，转换成距离信息，然后通过显示提醒装置显示距离信息或发出报警提示声音。

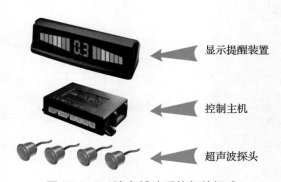

　　　　　　　　　　　　　← 显示提醒装置

　　　　　　　　　　　　　← 控制主机

　　　　　　　　　　　　　← 超声波探头

图 5-1-2　泊车辅助系统部件组成

❓ 引导问题 2

　　简述超声波测距的原理。

_____

_____

_____

二、超声波测距的原理

根据频率范围，声波可分为次声波、声波和超声波。其中，频率处于 20Hz~20kHz 的范围内时，可为人耳所感觉，称为声波；频率为 20Hz 以下的机械振动人耳听不到，称为次声波；频率高于 20kHz 的机械振动称为超声波。自然界一些可以发出超声波的生物与人类的发声和听觉频率范围对比如图 5-1-3 所示。

人类发声频率范围（65~1100Hz）
人类听觉频率范围（20~20000Hz）
蝙蝠发声频率范围（10000~120000Hz）
蝙蝠听觉频率范围（10000~120000Hz）
海豚发声频率范围（7000~120000Hz）
海豚听觉频率范围（150~150000Hz）

图 5-1-3　自然界能发出超声波的生物与人类的比较

倒车雷达使用的超声波工作频率一般为 40kHz，远高于人耳辨识范围，所以我们听不见其工作过程发出的声波。超声波测距是利用声波的反射特性实现的，超声波测距的原理是通过超声波发射器发出超声波信号，再由超声波接收器连续检测超声波发射后遇到障碍物所反射的回波，由测出的从发射到接收到回波的时间差来计算障碍物到车体的距离。

超声波在空气中的传播速度为 340m/s（0.034cm/μs），控制主机检测到超声波模块 ECHO 端子高电位的持续时间（超声波来回时间）为 t（单位为 μs），则可以计算出超声波模块与障碍物之间的距离 $s=0.034 \times (t/2)$，这里计算得到的距离 s 单位是 cm。超声波测距工作原理如图 5-1-4 所示。

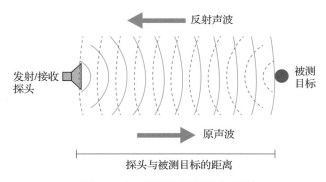

反射声波

发射/接收
探头

被测
目标

原声波

探头与被测目标的距离

图 5-1-4　超声波测距工作原理

超声波倒车雷达就是利用超声波测距原理，测量出障碍物到车体的距离，并通过显示屏来显示倒车距离。

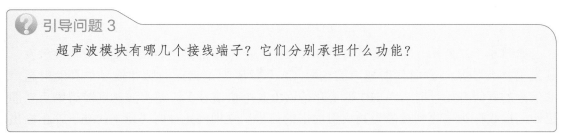

❓ 引导问题 3

超声波模块有哪几个接线端子？它们分别承担什么功能？

_____

_____

_____

三、超声波测距模块的电路连接

超声波传感器型号众多，本书中我们介绍一个比较常用的超声波测距模块 SR04。SR04 带有 1 个超声波发射探头、1 个超声波接收探头以及控制电路（图 5-1-5），测量范围为 2~400cm，测量精度可达 3mm。

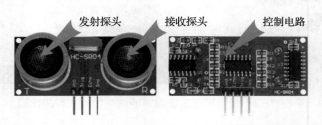

图 5-1-5　SR04 超声波测距模块结构

SR04 超声波测距模块有 VCC、TRIG、ECHO、GND 共 4 个接线端子，其中，VCC 接 +5V 电源正极，GND 接电源负极，TRIG 是触发信号输入，ECHO 则是回声信号输出。本节案例中我们将 VCC、TRIG、ECHO、GND 这四个端子分别接入到控制板 5V 管脚、2 号数字管脚、3 号数字管脚、GND 管脚，连接完成后如图 5-1-6 所示。

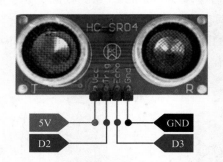

图 5-1-6　超声波测距模块控制电路连接示意图

 引导问题 4

超声波信号的实质是什么？ ECHO 端子高电位的持续时间怎样判断？

_____

_____

_____

四、超声波模块工作原理

如图 5-1-7 所示，当控制板向 TRIG 端子发送 10μs 的高电位信号后，模块被触发，其发射探头朝某一方向发射超声波信号（8 个频率为 40kHz 的脉冲信号），发射超声波信号的同时开始计时（ECHO 端子开始输出高电位信号）。超声波碰到障碍物后立即返回，接收探头接收到被障碍物反射回来的信号后立即停止计时（ECHO 端子停止输出高电位信号）。ECHO 端子高电位的持续时间就是超声波信号在空气中的传递时间。

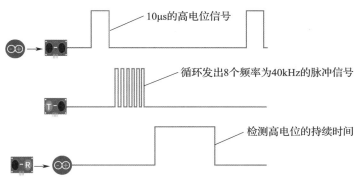

图 5-1-7　超声波模块工作原理

EEPROM 库的主要功能是＿＿＿＿＿＿＿＿＿＿＿＿＿＿＿＿＿。

LiquidCrystal 库的主要功能是＿＿＿＿＿＿＿＿＿＿＿＿＿＿＿。

SoftwareSerial 库的主要功能是＿＿＿＿＿＿＿＿＿＿＿＿＿＿＿。

五、第三方库的安装

库就是把一些函数封装好，保存为独立文件，使用时可以直接调用。Arduino 平台的一个明显的优势就是提供了大量成熟稳定的库文件，这些库文件把一些复杂的控制功能封装起来，开发者通过调用这些库文件，简单设置一些参数后就能快捷完成模块的复杂控制。

Arduino 的库通常包含标准库和第三方库。标准库在完成 Arduino IDE 的安装后就已经自动导入，编程时只需要直接调用就行。第三方库则需要编程人员自行导入。当然，在编程水平提高后也可以自行编写一些第三方库文件自己使用或提交到公开网络共享给全世界开发者。部分标准库文件名称与功能介绍见表 5-1-1。

表 5-1-1　部分标准库文件名称与功能介绍

序号	库文件名称	主要功能
1	EEPROM	对"永久存储器"进行读和写
2	Ethernet	用于通过 Arduino 以太网扩展板连接到互联网
3	Firmata	与计算机上应用程序通信的标准串行协议
4	LiquidCrystal	控制液晶显示屏
5	SD	对存储卡进行读写操作
6	Servo	控制伺服电机
7	SPI	与使用串行外部接口总线的设备进行通信
8	SoftwareSerial	使用任何数字管脚进行串行通信
9	Stepper	控制步进电机

（续）

序号	库文件名称	主要功能
10	WiFi	用于通过 Arduino 的 Wi-Fi 扩展板连接到互联网
11	Wire	双总线接口（TWI/IIC）通过网络对设备或者传感器发送和接收数据
12	PWM Frequency Library	自定义 PWM 频率

本节以 SR04 超声波测距模块相关库文件的导入为例介绍第三方库的导入方法。

第一步：从网络上找到相应的库文件压缩包，并下载。

第二步：打开 Arduino IDE，并从菜单栏找到"项目"→"加载库"→"添加 . ZIP库"选项，如图 5-1-8 所示。

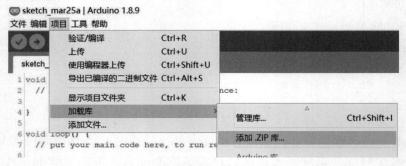

图 5-1-8　从菜单栏找到"添加 .ZIP 库"选项

第三步：选择已经下载准备好的库文件的压缩包（对应压缩包文件名为 SR04.zip），如图 5-1-9 所示。

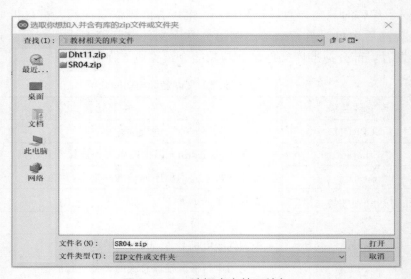

图 5-1-9　选择库文件压缩包

第四步：可以在 Arduino IDE 上直接查看到该库相关的示例代码（图 5-1-10），检查是否导入成功。

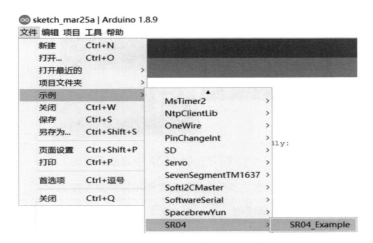

图 5-1-10　查看库文件示例

当然，还可以直接将压缩包解压缩到 Arduino IDE 安装路径下的"libraries"文件夹，然后直接打开 Arduino IDE（如果 Arduino IDE 之前就已经打开，那么要先关闭然后再打开）就可以查看相关示例或直接加载。

引导问题 6

液晶显示模块端子符号有哪些？

_____

_____

_____

引导问题 7

在 3 号端子调节对比度时，为了使屏幕可以显示出更清晰的画面，我们一般会进行什么操作？

_____

_____

_____

六、液晶显示模块

本任务中采用了可以显示 2 行，每行 16 个字符的液晶显示模块，因此也称 1602 液晶显示模块，如图 5-1-11 所示。

1602 液晶显示模块通常集成了字库芯片，通过 LiquidCrystal 类库提供的应用程序接口（Application Program Interface，API），可以很方便地用来显示英文字母和一些符号。常见的 1602 液晶显示模块有 16 个接线端子，每个端子的符号及连接说明见表 5-1-2。

图 5-1-11　带背光的 1602 液晶显示模块

表 5-1-2　1602 液晶显示模块端子符号及连接说明

端子编号	符号	连接说明	端子编号	符号	连接说明
1	VSS	显示屏负极	9	D2	数据总线
2	VDD	显示屏正极	10	D3	数据总线
3	V0	对比度控制	11	D4	数据总线
4	RS	指令 / 数据寄存器选择	12	D5	数据总线
5	RW	数据写入 / 读取选择	13	D6	数据总线
6	E	使能	14	D7	数据总线
7	D0	数据总线	15	A	背景灯正极
8	D1	数据总线	16	K	背景灯负极

其中，3 号端子"V0"是液晶显示屏对比度调整的控制端子。该端子接到电源正极时对比度最弱，显示痕迹最淡；该端子接地时对比度最高，但对比度过高时会产生"鬼影"，同样无法清晰地看到显示内容。所以该端子通常连接一个 10 kΩ 的可调电阻使用。

4 号端子"RS"为寄存器选择，高电位时选择数据寄存器，低电位时选择指令寄存器。5 号端子"RW"为读写信号选择，高电位时进行读操作，低电位时进行写操作，本书示例中不涉及读操作，所以一般在程序初始化时将这个端子设为低电位。6 号端子"E"为使能端，当 E 端子由高电位跳变成低电位时，液晶模块执行命令[5]。

1602 液晶显示模块的行号和列号都是从"0"开始的，如图 5-1-12 所示，第一行的行号是 row0，第一列的列号是 column0。

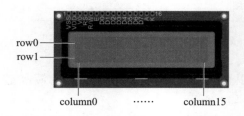

图 5-1-12　1602 液晶显示模块的行号和列号

与在计算机上输入字符一样，在 1602 液晶显示模块上显示字符时也有光标。在控制输出字符之前需要将光标移动到需要输出字符的位置上，每输出一个字符，光标会自动跳到下一个输出位置。

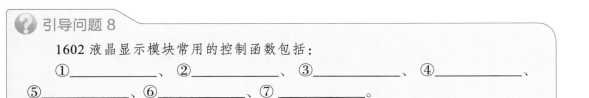

1602 液晶显示模块常用的控制函数包括：

①＿＿＿＿＿＿＿＿、②＿＿＿＿＿＿＿＿、③＿＿＿＿＿＿＿＿、④＿＿＿＿＿＿＿＿、

⑤＿＿＿＿＿＿＿＿、⑥＿＿＿＿＿＿＿＿、⑦＿＿＿＿＿＿＿＿。

七、1602 液晶显示模块常用控制函数

1602 液晶显示模块的控制涉及 7 个端子，指令比较复杂。不过 Arduino 很大的优势就是可以调用关联库的相应函数，并通过设置对应参数实现复杂的功能控制。1602 液晶显示模块使用的函数库文件名为 "LiquidCrystal"（Arduino IDE 新版本已内置该函数库），可以使用语句 "#include <LiquidCrystal.h>" 调用其中的 LiquidCrystal.h 文件。该函数库中一些常用的函数如下。

（一）LiquidCrystal () 函数

这是一个硬件初始化函数，用于定义 1602 液晶显示模块中控制端子和数据总线端子与 Arduino 控制板的连接情况。根据接线方式的不同，函数的使用方法也不同。

四位数据线接法的语法包括 "LiquidCrystal (rs, en, d4, d5, d6, d7);" "LiquidCrystal (rs, rw, en, d4, d5, d6, d7);"。

八位数据线接法的语法包括 "LiquidCrystal (rs, en, d0, d1, d2, d3, d4, d5, d6, d7);" "LiquidCrystal (rs, rw, en, d0, d1, d2, d3, d4, d5, d6, d7);"。

其中，参数 "rs" 指代连接到液晶显示模块 RS 端子的 Arduino 控制板端子；参数 "rw" 指代连接到 R/W 端子的 Arduino 控制板端子；参数 "en" 指代连接到 E 端子的 Arduino 控制板端子；参数 "d0、d1、d2、d3、d4、d5、d6、d7" 指代连接到对应数据线的 Arduino 控制板端子。

（二）clear () 函数

功能：清除屏幕上的所有内容，并将光标定位到屏幕左上角，即图 5-1-12 中的 row0、column0 对应的位置。语法："lcd.clear ()"，这里的 "lcd" 是指从 LiquidCrystal 类库中创建的对象名称。返回值：无。

（三）begin () 函数

功能：设置显示内容的行列数。语法："lcd.begin (cols, rows)"，其中 "cols" 指显示模块允许显示内容的列数；rows 指显示模块允许显示内容的行数。本书示例中使用的都是 1602 液晶显示模块，因此设置为 "begin (16, 2)" 即可。返回值：无。

（四）home () 函数

功能：将光标移动到左上角的位置（也即 row0、column0 对应的位置）。语法："lcd.home ()"。

（五）setCursor () 函数

功能：设置光标位置。将光标定位在指定位置，如 "setCursor (3, 0)" 是指将光标定位在第 1 行第 4 列。语法： "lcd.setCursor (col, row)"。返回值：无。

（六）print () 函数

功能：将文本输出到 LCD 上。每输出一个字符，光标就会向后移动一格。语法： "lcd.print (data)"。

这里只介绍了一些常用的函数，可以通过访问官方网站了解其他相关函数，以实现更多复杂功能。

❓ 引导问题 9

简述无源他激型蜂鸣器的工作原理。

_____

_____

_____

❓ 引导问题 10

简述有源自激型蜂鸣器的工作原理。

_____

_____

_____

八、蜂鸣器的使用

蜂鸣器（图 5-1-13）由振动装置和谐振装置组成，可分为无源他激型与有源自激型两种，这两种类型从外观上不易区分。

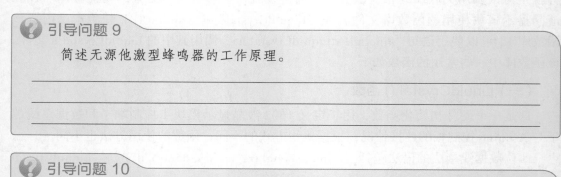

图 5-1-13　蜂鸣器的外观

无源他激型蜂鸣器的工作原理：方波信号输入谐振装置转换为声音信号输出，如图 5-1-14 所示。

有源自激型蜂鸣器的工作原理：直流电源输入经过振荡系统的放大、取样电路后，输入谐振装置转换为声音信号输出，如图 5-1-15 所示。

图 5-1-14　无源他激型蜂鸣器工作原理

图 5-1-15　有源自激型蜂鸣器工作原理

引导问题 11

1）tone (1, 64, 100) 函数的作用是＿＿＿＿＿＿＿＿＿＿＿＿＿＿＿。

2）noTone (1) 函数的作用是＿＿＿＿＿＿＿＿＿＿＿＿＿＿＿＿＿。

九、蜂鸣器常用控制函数

（一）tone () 函数

tone () 函数可以产生固定频率的 PWM 信号来驱动扬声器发声。控制蜂鸣器的引脚、声调（声音的频率）和发声时间都可以通过调整函数内相关参数实现。tone () 函数有两种表达方式："tone (pin, frequency, duration);" 和 "tone (pin, frequency);"。

其中，参数"pin"表示要产生声音的管脚编号；参数"frequency"表示产生声音的频率，单位是 Hz，数据类型是 unsigned int；参数"duration"可省略，表示声音持续的时间，单位是 μs，数据类型是 unsigned long。

（二）noTone () 函数

noTone () 函数用来停止 tone () 函数发声。noTone (pin) 函数中的参数"pin"表示停止所对应管脚编号的 tone () 函数发声。

任务分组

学生任务分配表

班级			组号		指导老师	
组长			学号			
组员	姓名：＿＿＿	学号：＿＿＿		姓名：＿＿＿	学号：＿＿＿	
	姓名：＿＿＿	学号：＿＿＿		姓名：＿＿＿	学号：＿＿＿	
	姓名：＿＿＿	学号：＿＿＿		姓名：＿＿＿	学号：＿＿＿	
	姓名：＿＿＿	学号：＿＿＿		姓名：＿＿＿	学号：＿＿＿	

（续）

 工作计划

 引导问题 12

扫描二维码获取使用 1602 液晶显示模块扩展板实现 LCD 动态显示、LCD 静态显示、超声波测距、蜂鸣器、泊车辅助系统等功能的相关源代码，分析框架思路，制定工作方案并填写工作计划表。

工作计划表

步骤	作业内容	负责人
1		
2		
3		
4		
5		
6		
7		
8		

进行决策

1. 各组派代表阐述资料查询结果。

2. 各组就各自的查询结果进行交流，并分享技巧。

3. 教师结合各组的完成情况进行点评，选出最佳方案。

任务实施

按照下表步骤及引导问题 12 右侧二维码的相关内容，独立完成有关倒车雷达功能实现的实训，并填写工单。

LCD 动态显示	
记录	完成情况
1. 运行代码前，需要将库文件解压缩放入 Arduino 的 "libraries" 文件夹中	已完成□ 未完成□
2. 硬件线路连接，在软件中选择 "开发板" 及 "端口"	已完成□ 未完成□
3. 输入代码，单击上传，查看效果	已完成□ 未完成□
LCD 静态显示	
记录	完成情况
1. 运行代码前，需要将库文件解压缩放入 Arduino 的 "libraries" 文件夹中	已完成□ 未完成□
2. 硬件线路连接，在软件中选择 "开发板" 及 "端口"	已完成□ 未完成□
3. 输入代码，单击上传，查看效果	已完成□ 未完成□
超声波测距	
记录	完成情况
1. 硬件线路连接，选择 "开发板" 及 "端口"	已完成□ 未完成□
2. 输入代码，单击上传，查看效果	已完成□ 未完成□
蜂鸣器	
记录	完成情况
1. 硬件线路连接，在软件中选择 "开发板" 及 "端口"	已完成□ 未完成□
2. 输入代码，单击上传，查看效果	已完成□ 未完成□
泊车辅助系统	
记录	完成情况
1. 运行代码前，需要将库文件解压缩放入 Arduino 的 "libraries" 文件夹中	已完成□ 未完成□
2. 硬件线路连接，在软件中选择 "开发板" 及 "端口"	已完成□ 未完成□
3. 输入代码，单击上传，查看效果	已完成□ 未完成□

6S 现场管理			
序号	操作步骤	完成情况	备注
1	建立安全操作环境	已完成□ 未完成□	
2	清理及整理工具量具	已完成□ 未完成□	
3	清理及复原设备正常状况	已完成□ 未完成□	
4	清理场地	已完成□ 未完成□	
5	物品回收和环保	已完成□ 未完成□	
6	完善和检查工单	已完成□ 未完成□	

评价反馈

1. 各组代表展示汇报 PPT，介绍任务的完成过程。

2. 以小组为单位，对各组的操作过程与操作结果进行自评和互评，并将结果填入综合评价表中的小组评价部分。

3. 教师对学生工作过程与工作结果进行评价，并将评价结果填入综合评价表中的教师评价部分。

综合评价表

姓名		学号		班级		组别	
实训任务							
评价项目		评价标准			分值		得分
小组评价	计划决策	制定的工作方案合理可行，小组成员分工明确			10		
	任务实施	能正确上传程序实现 LCD 动态和静态显示			10		
		能正确上传程序实现超声波测距			20		
		能正确上传程序实现泊车辅助系统功能			20		
	任务达成	能按照工作方案操作，按计划完成工作任务			10		
	工作态度	认真严谨、积极主动、安全生产、文明施工			10		
	团队合作	与小组成员、同学之间能合作交流、协调工作			10		
	6S 管理	完成竣工检验、现场恢复			10		
	小计				100		
教师评价	实训纪律	不出现无故迟到、早退、旷课现象，不违反课堂纪律			10		
	方案实施	严格按照工作方案完成任务实施			20		
	团队协作	任务实施过程互相配合，协作度高			20		
	工作质量	能正确上传程序实现 LCD 动态和静态显示，实现超声波测距			20		
	工作规范	操作规范，三不落地，无意外事故发生			10		
	汇报展示	能准确表达，总结到位，改进措施可行			20		
	小计				100		
综合评分		小组评分 ×50% + 教师评分 ×50%					
总结与反思							

（例：学习过程中遇到什么问题→如何解决的 / 解决不了的原因→心得体会）

任务二　实现入门级线控底盘功能

学习目标

- 了解电机转速控制原理。
- 掌握电机转速的读取方法。
- 了解电机转速 PID 控制原理。
- 能正确上传程序实现 OLED 显示屏控制。
- 能正确上传程序实现编码器控制。
- 能正确上传程序实现电机转动。
- 能正确上传程序实现电机控制。
- 能正确上传程序实现定时器中断。
- 能正确上传程序实现舵机控制。
- 能根据表单步骤及二维码相关内容正确实现倒车雷达功能。
- 获得多途径检索知识、分析问题以及多元化思考解决问题的方法，形成创新意识。
- 具有良好的团队协作精神和较强的组织沟通能力。
- 具备良好的职业道德，尊重他人劳动，不窃取他人成果。

知识索引

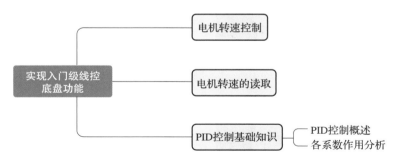

情境导入

　　身为一名 Arduino 工程师，现在主管需要你对汽车的底盘进行一些调配，你需要控制汽车转向、加减速，监测轮胎转速以及脉冲数，最后需要进行定速检测，你将会如何完成呢？

获取信息

引导问题 1

如何实现直流有刷电机转速和速度的调节控制？

_____

_____

_____

一、电机转速控制

图 5-2-1 所示为直流有刷电机工作原理。直流有刷电机主要由定子（标注了 N 或 S 的磁极）、转子（带线圈绕组的 Y 形铁心）、换向器（转子轴上控制电流方向的部件）等部件组成。

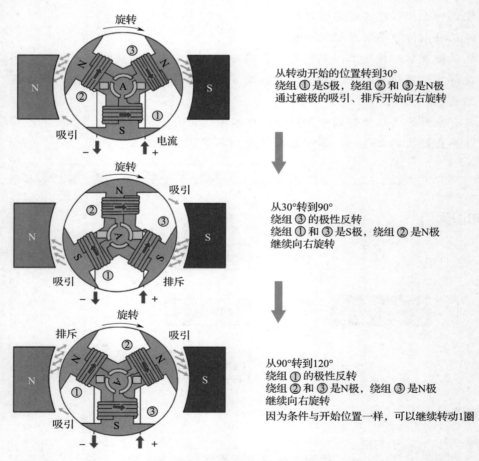

图 5-2-1　直流有刷电机工作原理

如此，整个电枢绕组即转子将按顺时针旋转，输入的直流电能就转换成转子轴上输出的机械能。

直流有刷电机的优点是速度和方向控制的实现比较简单。通过改变换向器两输入端的电压大小即可实现速度的控制，改变换向器两输入端的电流方向即可实现旋转方向的控制。

一般可以通过 PWM 的方式实现输出模拟信号的效果。这个模拟信号发送到电机驱动板（套件中称为"线控小车驱动板"），经过放大处理后，输出给直流电机，从而实现电机转速的调节控制。Arduino 输出的 PWM 信号为频率固定（约 490Hz）的方波，而通过改变信号每个周期高低电位所占的比例（占空比），可以得到近似输出不同电压的效果，如图 5-2-2 所示。

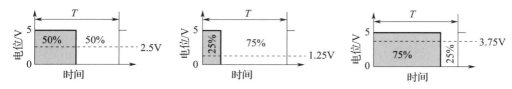

图 5-2-2　不同占空比的 PWM 输出信号

需要注意的是，此类电机不宜在高温、易燃易爆等环境下使用，而且由于电机使用了电刷作为电流变换的部件，所以需要定期更换或清理接触部位因摩擦产生的污物。常见的微型直流有刷电机如图 5-2-3 所示。

图 5-2-3　常见的微型直流有刷电机

? 引导问题 2

简述 attachInterrupt (1, slowDown, RISING) 函数的作用。

_____

_____

_____

二、电机转速的读取

电机转速的读取使用了 Arduino 的外部中断功能。关于外部中断功能可以通过下面一个小故事理解。

小赖正在房间内吃饭（正在执行非中断指令），门上突然传来敲门声（收到中断请求），小赖只得放下碗筷起身去开门（执行中断指令），开完门后继续吃饭（恢复执行非中断指令）。

Arduino UNO 控制器上的 2 号和 3 号管脚具备外部中断功能。这两个管脚在输入模式下，如果检测到符合外部中断函数要求的条件时，Arduino 控制板的处理器会停止正在做的任何工作并转而执行中断函数内的指令。

如图 5-2-4 所示，中断函数的第 1 个参数是中断号，中断号为 0 时，表示使用 2 号管脚；中断号为 1 时，表示使用 3 号管脚。第 2 个参数是中断时被调用的子函数名，一般将中断时需要执行的指令都放在该子函数中。第 3 个参数是触发类型，一般有"RISING""FALLING"和"CHANGE"。

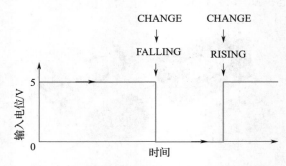

图 5-2-4　中断函数

如图 5-2-5 所示，当检测到指定管脚的输入电位从 5V 降到 0V 时，属于 FALLING 条件；当检测到指定管脚的输入电位从 0V 升到 5V 时，属于 RISING 条件；而 CHANGE 条件则是包含了上述两种条件。

图 5-2-5　不同触发类型的输入电位变化条件

实训套件中的直流电机尾部都安装了一个编码器模块，按要求连接好线束后，电机每旋转一圈，2 号或 3 号管脚就会收到 11 个类似图 5-2-5 所示的脉冲，通过计算单位时间内的脉冲个数就可以求得电机的旋转速度。

❓ 引导问题 3

1）K_p 值过大时会导致系统不稳定，过小时会导致系统反应速度过慢。□对　□错

2）K_i 应当怎样调节？

_____

_____

3）K_d 有着怎样的作用？

_____

_____

三、PID 控制基础知识

（一）PID 控制概述

比例积分微分（Proportional Integral Differential，PID）控制是典型的传统控制策略之一，由于其算法简单、可靠性高，被广泛应用于工业过程控制，尤其适用于可建立精确数学模型的确定性控制系统，其中，P、I、D 分别为比例（Proportional）、积分（Integral）、微分（Differential）的缩写。将偏差的比例、积分和微分通过线性组合构成控制量，用该控制量对受控对象进行控制，称为 PID 算法，实际应用中也有 P、PI 和 PD 控制算法。其中 K_p、K_i、K_d 分别为比例系数、积分系数、微分系数。PID 控制适用于温度、压力、流量、液位等几乎所有场合，不同场合的应用仅仅是 PID 参数设置不同，只要参数设置得当，均可以达到很好的效果（可以达到 0.1%，甚至更高的控制要求）。

（二）各系数作用分析

1. 比例系数 K_p 的作用及调节

比例系数反映系统当前最基本的误差，能提高系统的动态响应速度；能迅速反映误差，从而减少误差，但是不能消除误差。其调节效果简单来说就是越大越快，越小越慢。过大的 K_p 值会导致持续振荡，造成系统的不稳定；过小的 K_p 值又会使系统反应迟钝。合适的值应该使系统有足够的灵敏度但又不会反应过于灵敏，一定时间的迟缓要靠积分时间来调节。

比例系数调节范围一般是 0.1~100。如果增益值取 0.1，PID 调节器输出变化为十分之一的偏差值。如果增益值取 100，PID 调节器输出变化为一百倍的偏差值。初调时，选小一些，然后慢慢调大，直到系统波动足够小时，再调节积分或微分系数。

2. 积分系数 K_i 的作用及调节

积分系数反映系统的累积误差，理论上能消除系统稳态误差，提高无差度。只要系统存在误差，积分作用就会不断积累，输出控制量来消除误差，直到偏差为零时积分才停止。但是积分作用太强会使得超调量加大，甚至使系统出现振荡。

积分时间常数的定义是偏差引起输出增长的时间。积分时间设为 1s，则输出变化 100% 所需时间为 1s。初调时要把积分时间设置长些，然后慢慢调小直到系统稳定为止。

3. 微分系数 K_d 的作用

微分系数反映系统误差的变化率，具有预见性，可以预见偏差的变化趋势，产生超前的控制效果。它可以使系统超调量减小，稳定性增加，动态误差减小，因此可以改善系统的动态性能。但是微分对噪声有放大作用，会减弱系统的抗干扰水平。

在微分控制中，控制器的输出与输入误差信号的微分（即误差的变化率）成正比关系。微分显然与变化率有关，它可以减小超调量来克服振荡，使系统稳定性提高，同时加快响应速度，使系统有更快、更好的动态性能。就像个"预言家"，它可以根据变化率来判断系统快要上升还是下降，提前改变系统的控制量，与积分作用形成互补。

微分值是偏差值的变化率。例如，如果输入偏差值线性变化，则在调节器输出侧叠加一个恒定的调节量。大部分控制系统不需要调节微分时间，因为只有时间滞后的系统才需要附加这个参数。如果通过比例、积分参数的调节还是满足不了理想的控制要求，就可以调节微分时间。初调时把这个系数设小，然后慢慢调大，直到系统稳定。

任务分组

学生任务分配表

班级			组号		指导老师	
组长			学号			
组员	姓名：＿＿＿ 学号：＿＿＿ 姓名：＿＿＿ 学号：＿＿＿ 姓名：＿＿＿ 学号：＿＿＿ 姓名：＿＿＿ 学号：＿＿＿			姓名：＿＿＿ 学号：＿＿＿ 姓名：＿＿＿ 学号：＿＿＿ 姓名：＿＿＿ 学号：＿＿＿ 姓名：＿＿＿ 学号：＿＿＿		
任务分工						

工作计划

引导问题 4

扫描二维码查看通过控制程序在 Arduino 控制开发套件上实现电机控制、舵机控制、编码器计数——车轮单圈脉冲计数、定速巡航等功能的源代码，分析框架，获取思路，制定工作方案并填写工作计划表。

工作计划表

步骤	作业内容	负责人
1		
2		
3		
4		
5		
6		

进行决策

1. 各组派代表阐述资料查询结果。
2. 各组就各自的查询结果进行交流，并分享技巧。
3. 教师结合各组完成的情况进行点评，选出最佳方案。

任务实施

按照下表步骤及引导问题 4 右侧二维码的相关内容，独立完成有关入门级线控底盘的实训，并填写工单。

舵机控制	
记录	完成情况
1. 连接 Arduino 控制板与小车	已完成□　　未完成□
2. 在软件中选择"开发板"及"端口"	已完成□　　未完成□
3. 输入代码，单击上传，查看效果	已完成□　　未完成□
电机控制	
记录	完成情况
1. 连接 Arduino 控制板与小车	已完成□　　未完成□
2. 在软件中选择"开发板"及"端口"	已完成□　　未完成□
3. 输入代码，单击上传，查看效果	已完成□　　未完成□
编码器计数——车轮单圈脉冲计数	
记录	完成情况
1. 连接 Arduino 控制板与小车	已完成□　　未完成□
2. 在软件中选择"开发板"及"端口"	已完成□　　未完成□
3. 输入代码，单击上传	已完成□　　未完成□
4. 打开串口监视器，波特率选择 9600	已完成□　　未完成□
5. 发送"L"或"R"→转动轮子一圈→串口发送"P"	已完成□　　未完成□
定速巡航的实现	
记录	完成情况
1. 连接 Arduino 控制板与小车	已完成□　　未完成□
2. 选择"开发板"及"端口"	已完成□　　未完成□
3. 输入代码，单击上传	已完成□　　未完成□
4. 通过串口监视器查看设定的目标速度值	已完成□　　未完成□

（续）

6S 现场管理			
序号	操作步骤	完成情况	备注
1	建立安全操作环境	已完成☐　未完成☐	
2	清理及整理工具量具	已完成☐　未完成☐	
3	清理及复原设备正常状况	已完成☐　未完成☐	
4	清理场地	已完成☐　未完成☐	
5	物品回收和环保	已完成☐　未完成☐	
6	完善和检查工单	已完成☐　未完成☐	

评价反馈

1. 各组代表展示汇报 PPT，介绍任务的完成过程。

2. 以小组为单位，对各组的操作过程与操作结果进行自评和互评，并将结果填入综合评价表中的小组评价部分。

3. 教师对学生工作过程与工作结果进行评价，并将评价结果填入综合评价表中的教师评价部分。

综合评价表

姓名		学号		班级		组别	
实训任务							
评价项目		评价标准				分值	得分
小组评价	计划决策	制定的工作方案合理可行，小组成员分工明确				10	
	任务实施	能正确上传程序实现舵机与电机控制				10	
		能正确上传程序实现编码器计数 – 车轮单圈脉冲计数				20	
		能正确上传程序实现定速巡航				20	
	任务达成	能按照工作方案操作，按计划完成工作任务				10	
	工作态度	认真严谨、积极主动、安全生产、文明施工				10	
	团队合作	与小组成员、同学之间能合作交流、协调工作				10	
	6S 管理	完成竣工检验、现场恢复				10	
		小计				100	
教师评价	实训纪律	不出现无故迟到、早退、旷课现象，不违反课堂纪律				10	
	方案实施	严格按照工作方案完成任务实施				20	
	团队协作	任务实施过程互相配合，协作度高				20	

（续）

评价项目		评价标准	分值	得分
教师评价	工作质量	能正确上传程序实现 LCD 动态和静态显示，实现超声波测距	20	
	工作规范	操作规范，三不落地，无意外事故发生	10	
	汇报展示	能准确表达，总结到位，改进措施可行	20	
		小计	100	
综合评分		小组评分 × 50% + 教师评分 × 50%		

总结与反思

（例：学习过程中遇到什么问题→如何解决的 / 解决不了的原因→心得体会）

任务三　实现蓝牙控制功能

学习目标

- 了解蓝牙技术的定义及通信方式。
- 了解 HC-02 蓝牙模块的电气特性。
- 了解蓝牙模块的连接原理。
- 能正确连接蓝牙。
- 能正确上传程序实现蓝牙模块控制使用。
- 能正确上传程序实现蓝牙远程控制。
- 能正确上传程序实现电机控制。
- 获得多途径检索知识、分析问题以及多元化思考解决问题的方法，形成创新意识。
- 具有良好的团队协作精神和较强的组织沟通能力。
- 具备良好的职业道德，尊重他人劳动，不窃取他人成果。

知识索引

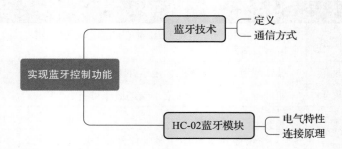

情境导入

> 作为 Arduino 工程师的你，主管这次给你的任务是远程操控小车，你需要使用蓝牙模块来远程控制小车行进，并控制灯光的变化。

获取信息

引导问题 1

蓝牙是什么？

_____

_____

_____

引导问题 2

蓝牙技术设备完成配置后，后续使用是否需要重新配置？

_____

_____

_____

一、蓝牙技术

（一）定义

蓝牙是一种低功耗、短距离的无线通信技术，目前广泛应用在耳机、音箱、键盘、鼠标等数字设备的通信连接中。

蓝牙技术使用全球通用的 2.4GHz 工业、科学和医疗频带（Industria Scientific and Medical band，ISM），其数据传输速率为 1Mbit/s。蓝牙连接有类似于即插即用的理念，任意蓝牙技术设备完成配置后，后续使用都是开机即可快速建立通信通道，无须再次进行任何设置，使用非常便捷。

（二）通信方式

蓝牙技术规定，每一对设备之间进行蓝牙通信时，必须一个为主角色，称为主设备，另一个为从角色，称为从设备。通信时，主设备主动查找，发起配对，建立链接，然后双方才能开始收发数据。理论上一个蓝牙主设备可以同时与 7 个蓝牙从设备进行通信。

 引导问题 3

HC-02 蓝牙模块只能作为从设备使用。□对　　□错

二、HC-02 蓝牙模块

（一）电气特性

套件内的串口蓝牙模块扩展板采用了 HC-02 蓝牙模块，基于蓝牙 2.0 版本研发，兼容低功耗蓝牙（Bluetooth Low Energe，BLE），支持双模，具有高稳定性、超低功耗的特点，属于工业级的蓝牙数据传输模块。其电气特性见表 5-3-1。

表 5-3-1　HC-02 蓝牙模块电气特性

模块尺寸	27mm × 13mm	工作频段	2.4GHz
通信接口	UART	工作电压	3.0~3.6V
波特率	1200~115200bit/s	通信电平	3.3V（TTL 电平[①]）
发射功率	6dBm（最大）	参考距离	10m
空中速率	2Mbit/s	天线接口	内置 PCB[②]天线
通信电流	30mA	接收灵敏度	−85dBm（2Mbit/s）
工作湿度	10%~90%	工作温度	−25~+75℃

① TTL（Transistor-Transistor Logic）电平为晶体管 - 晶体管逻辑电平。

② PCB（Printed-Circuit Board）为印制电路板。

（二）连接原理

用户无需关心复杂的无线通信配置以及传输算法，只需要通过 TTL 串口连接到设备。HC-02 蓝牙模块只能作为从设备使用，可跟便携式计算机、手机等蓝牙主设备配对后连接进行数据传输，连接原理如图 5-3-1 所示。

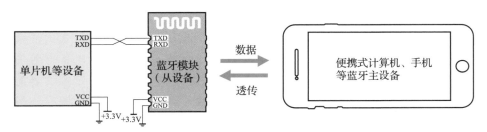

图 5-3-1　蓝牙模块连接原理

📖 **拓展阅读**

在能力模块五的学习过程中，我们了解到了 Arduino 的一些智能控制应用，有结合液晶显示模块、蜂鸣器、超声波传感器来实现倒车预警系统设计，还有通过 Arduino 设计电机转动控制与 PID 控制来实现入门级的线控底盘操作，此外，还有结合蓝牙来完成智能化的无线控制小车驱动。在拓展阅读里，将对这一模块的知识进行扩充。

随着电子技术的发展，蓝牙技术从诞生到现在的发展过程中，也经历了若干次标准的变化和技术更新。蓝牙 4.0 传输技术支持 BLE 功能，具备低功耗蓝牙、传统蓝牙和高速蓝牙三种模式。升级版的蓝牙 5.0 在低功耗模式下具备更快更远的传输能力，传输速率是蓝牙 4.2 的 2 倍（速度上限为 2Mbit/s），有效传输距离是蓝牙 4.2 的 4 倍（理论上 300m），数据包容量是蓝牙 4.2 的 8 倍。2021 年发布的蓝牙 5.3 版本改善了低功耗蓝牙中的周期性广播、连接更新以及频道分级，提升了蓝牙的通信效率和蓝牙设备无线连接稳定性，还进一步降低了功耗。除此之外，蓝牙 5.3 版本还引入了一些新功能，增强了经典蓝牙基础速率和增强速率（Basic Rate/Enhanced Data Rate，BR/EDR）的安全性。

超声波除了用于实现测距并结合蜂鸣器应用于小车倒车预警，在我们日常生活中也扮演了十分重要的角色，涉及诸多领域。首先，超声波的波长短，方向性强，且能够穿过不透明物质，也应用于超声波探伤、测厚、遥控、超声成像技术中，以及检测材料内部是否有损伤等；其次，还能利用超声波的机械作用、空化作用、热效应等进行超声波焊接、钻孔、脱气、除尘等工业车间的操作；再次，超声波清洗机还能将发射出去的高频振荡信号转换成高频机械振荡来进行超声波清洗，常用于五金器件、精密器件的清洗。人们生活中接触较多的还是医院的医学超声检查，其原理是将医学超声波发射到人体内，超声波会在界面发生反射和折射，同时，在人体组织内可能被吸收而衰减。不同组织结构反射、折射或吸收医学超声波的程度不同，进而形成特定的波形或超声波成像，医生们就能够通过观察波形、成像的特征来观察就医者的身体内部情况。

线控底盘这一概念是在自动驾驶发展过程中应运而生的，随着智能驾驶对底盘驱动、零部件、电控系统的要求越来越高，相对应地，汽车底盘也开始使用线缆（电信号）的形式来取代传统的机械、液压或气动形式的底盘操控连接，驾驶员的操作指令通过车载传感器进行感知，再通过电信号传递给执行方与电子控制器，完成车辆内部的各类执行功能，并受电子控制器的监测，以保证指令执行安全。汽车线控底盘主要由线控转向、线控制动、线控换档、线控加速以及线控悬架五大系统组成，还包括精确度高、灵敏度高的传感器与控制单元，具备结构紧凑、可控性好、集成度高、质量轻、响应速度快等优势。L3 及 L3 以上级别自动驾驶的实现，离不开底盘执行机构的快速响应和精确执行，以达到底盘执行与上层的感知和决策的高度协同。因此，线控底盘已成为目前自动驾驶领域的一个核心技术和实现高级别自动驾驶的必然要求。

职业认证

物联网智能终端开发与设计（中级）考核就涉及传感器应用开发，具体要求包括掌握常见无线传感网络协议在智能终端的部署方法，能编写程序实现智能终端的蓝牙、Wi-Fi 等无线网络通信，能编写程序实现智能终端的多媒体数据无线传输与处理，能编写程序实现智能终端的网关数据处理与协议转发。通过考核可获得教育部 1+X 证书中的《物联网智能终端开发与设计（中级）》。

任务分组

学生任务分配表

班级		组号		指导老师	
组长		学号			
组员	姓名：_____ 学号：_____ 姓名：_____ 学号：_____ 姓名：_____ 学号：_____ 姓名：_____ 学号：_____		姓名：_____ 学号：_____ 姓名：_____ 学号：_____ 姓名：_____ 学号：_____ 姓名：_____ 学号：_____		
任务分工					

工作计划

 引导问题 4

    扫描二维码查看通过控制程序在 Arduino 控制开发套件上实现蓝牙模块控制和蓝牙远程控制的代码，分析框架，获取思路，制定工作方案并填写工作计划表。

工作计划表

步骤	作业内容	负责人
1		
2		
3		
4		
5		
6		
7		
8		

进行决策

1. 各组派代表阐述资料查询结果。
2. 各组就各自的查询结果进行交流，并分享技巧。
3. 教师结合各组的完成情况进行点评，选出最佳方案。

任务实施

    按照下表步骤及引导问题 4 右侧二维码的相关内容，独立完成有关蓝牙控制的实训，并填写工单。

蓝牙模块控制	
记录	完成情况
1. 将串口蓝牙模块扩展板和流水灯多功能扩展板通过 PCB 叠层板连接在一起并安装在开发板上	已完成□ 未完成□
2. 用安卓手机下载蓝牙调试器 App	已完成□ 未完成□
3. 连接 Arduino 控制板与小车	已完成□ 未完成□
4. 在软件中选择"开发板"及"端口"	已完成□ 未完成□
5. 输入代码，单击上传	已完成□ 未完成□

（续）

蓝牙模块控制	
记录	完成情况
6.用手机连接蓝牙 HC-02，再在蓝牙调试器 App 中连接 HC-02，单击"对话模式"，输入"2""3""4""5""6""7""8""9""10"，流水灯多功能扩展板上的 LED12、11、10、9、8、7、6、5、4、3 会被对应地点亮	已完成□　未完成□

蓝牙远程控制	
记录	完成情况
1.将串口蓝牙扩展板和电机驱动扩展板安装在 Arduino UNO 控制板上	已完成□　未完成□
2.用安卓手机下载蓝牙调试器 App	已完成□　未完成□
3.连接 Arduino 控制板与小车	已完成□　未完成□
4.在软件中选择"开发板"及"端口"	已完成□　未完成□
5.输入代码，单击上传	已完成□　未完成□
6.连接蓝牙，在蓝牙调试器 App 中连接 HC-02，单击"通信"（对话）模式	已完成□　未完成□
7.输入指令	已完成□　未完成□

6S 现场管理			
序号	操作步骤	完成情况	备注
1	建立安全操作环境	已完成□　未完成□	
2	清理及整理工具量具	已完成□　未完成□	
3	清理及复原设备正常状况	已完成□　未完成□	
4	清理场地	已完成□　未完成□	
5	物品回收和环保	已完成□　未完成□	
6	完善和检查工单	已完成□　未完成□	

评价反馈

1.各组代表展示汇报 PPT，介绍任务的完成过程。

2.以小组为单位，对各组的操作过程与操作结果进行自评和互评，并将结果填入综合评价表中的小组评价部分。

3.教师对学生工作过程与工作结果进行评价，并将评价结果填入综合评价表中的教师评价部分。

综合评价表

姓名		学号		班级		组别	

实训任务							

评价项目		评价标准	分值	得分
小组评价	计划决策	制定的工作方案合理可行，小组成员分工明确	10	
	任务实施	能正确连接蓝牙，上传程序实现蓝牙模块控制使用	20	
		能正确上传程序实现蓝牙远程控制	20	
		能正确上传程序实现电机控制	10	
	任务达成	能按照工作方案操作，按计划完成工作任务	10	
	工作态度	认真严谨、积极主动、安全生产、文明施工	10	
	团队合作	与小组成员、同学之间能合作交流、协调工作	10	
	6S 管理	完成竣工检验、现场恢复	10	
	小计		100	
教师评价	实训纪律	不出现无故迟到、早退、旷课现象，不违反课堂纪律	10	
	方案实施	严格按照工作方案完成任务实施	20	
	团队协作	任务实施过程互相配合，协作度高	20	
	工作质量	能正确掌握蓝牙的连接与远程控制	20	
	工作规范	操作规范，三不落地，无意外事故发生	10	
	汇报展示	能准确表达，总结到位，改进措施可行	20	
	小计		100	
综合评分		小组评分 ×50% + 教师评分 ×50%		
总结与反思				

（例：学习过程中遇到什么问题→如何解决的 / 解决不了的原因→心得体会）

参 考 文 献

［1］陈吕洲. Arduino程序设计基础［M］. 2版. 北京：北京航空航天大学出版社，2015.

［2］樊胜民，樊攀，张淑慧. Arduino编程与硬件实现［M］. 北京：化学工业出版社，2020.

［3］MARGOLIS M.Arduino权威指南［M］. 2版. 杨昆云，译. 北京：人民邮电出版社，2015.

［4］蒙克. Arduino编程从零开始：使用C和C++［M］. 2版. 张懿，译. 北京：清华大学出版社，2018.

［5］李永华，彭木根. Arduino项目开发：智能生活［M］. 北京：清华大学出版社，2019.

机械工业出版社 | CHINA MACHINE PRESS 汽车分社

读者服务

机械工业出版社立足工程科技主业，坚持传播工业技术、工匠技能和工业文化，是集专业出版、教育出版和大众出版于一体的大型综合性科技出版机构。旗下汽车分社面向汽车全产业链提供知识服务，出版服务覆盖包括工程技术人员、研究人员、管理人员等在内的汽车产业从业者，高等院校、职业院校汽车专业师生和广大汽车爱好者、消费者。

一、意见反馈

感谢您购买机械工业出版社出版的图书。我们一直致力于"以专业铸就品质，让阅读更有价值"，这离不开您的支持！如果您对本书有任何建议或意见，请您反馈给我。我社长期接收汽车技术、交通技术、汽车维修、汽车科普、汽车管理及汽车类、交通类教材方面的稿件，欢迎来电来函咨询。

咨询电话：010-88379353　编辑信箱：cmpzhq@163.com

二、课件下载

选用本书作为教材，免费赠送电子课件等教学资源供授课教师使用，请添加客服人员微信手机号"13683016884"咨询详情；亦可在机械工业出版社教育服务网（www.cmpedu.com）注册后免费下载。

三、教师服务

机工汽车教师群为您提供教学样书申领、最新教材信息、教材特色介绍、专业教材推荐、出版合作咨询等服务，还可免费收看大咖直播课，参加有奖赠书活动，更有机会获得签名版图书、购书优惠券。

加入方式：搜索 QQ 群号码 317137009，加入机工汽车教师群 2 群。请您加入时备注院校 + 专业 + 姓名。

四、购书渠道

机工汽车小编
13683016884

我社出版的图书在京东、当当、淘宝、天猫及全国各大新华书店均有销售。

团购热线：010-88379735

零售热线：010-68326294　88379203

推荐阅读

书号	书名	作者	定价（元）
智能网联、新能源汽车专业教材			
978-7-111-67861-8	智能网联汽车技术入门一本通（全彩印刷）	程增木	69
978-7-111-71527-6	智能汽车技术（全彩印刷）	凌永成	85
978-7-111-70269-6	智能网联汽车技术原理与应用（彩色版）	程增木　杨胜兵	65
978-7-111-62811-8	智能网联汽车技术概论（全彩印刷）	李妙然　邹德伟	49.9
978-7-111-69328-4	智能网联汽车底盘线控系统装调与检修（附任务工单）	李东兵　杨连福	59.9
978-7-111-71028-8	智能网联汽车智能传感器安装与调试（全彩活页式教材）	中国汽车工程学会　等	49.9
978-7-111-71248-0	智能网联汽车底盘线控执行系统安装与调试（全彩印刷）	中国汽车工程学会　等	49.9
978-7-111-70980-0	智能网联汽车计算平台测试装调（全彩印刷）	中国汽车工程学会　等	49.9
978-7-111-71171-1	智能网联汽车智能座舱系统测试装调（全彩印刷）	中国汽车工程学会　等	49.9
978-7-111-71031-8	新能源汽车检测与故障诊断技术（彩色版配实训工单）	吴海东　等	69
978-7-111-70758-5	新能源汽车电动空调　转向和制动系统检修（彩色版配实训工单）	王景智　等	69
978-7-111-70293-1	新能源汽车整车控制系统检修（彩色版配实训工单）	吴东盛　等	69
978-7-111-70163-7	新能源汽车动力电池及管理系统检修（彩色版配实训工单）	吴海东　等	59
978-7-111-70716-5	新能源汽车技术概论（全彩印刷）	赵振宁	55
978-7-111-70671-7	纯电动汽车构造原理与检修（全彩印刷）	赵振宁	59
978-7-111-58759-0	纯电动/混合动力汽车结构原理与检修（配实训工单）（全彩印刷）	金希计　吴荣辉	59.9
978-7-111-70956-5	新能源汽车维护与故障诊断（配实训工单）（全彩印刷）	林康　吴荣辉	59
978-7-111-70052-4	新能源汽车整车控制系统诊断（双色印刷）	赵振宁	55
978-7-111-69954-5	智能网联汽车概论（全彩印刷）	吴荣辉　吴论生	59.9
978-7-111-69808-1	新能源汽车结构原理与检修（全彩印刷）	吴荣辉	65
978-7-111-68305-6	新能源汽车认知与应用（第2版）（全彩印刷）	吴荣辉　李颖	55
978-7-111-61576-7	新能源汽车概论（全彩印刷）	张斌　蔡春华	49
978-7-111-64438-5	新能源汽车电力电子技术（全彩印刷）	冯津　钟永刚	49
978-7-111-68442-8	新能源汽车高压安全与防护（全彩印刷）	吴荣辉　金朝昆	45
978-7-111-61017-5	新能源汽车动力电池及充电系统检修（全彩印刷）	许云　赵良红	55
978-7-111-61318-3	新能源汽车电机驱动系统检修（全彩印刷）	王毅　巩航军	49
978-7-111-61320-6	新能源汽车辅助系统检修（全彩印刷）	任春晖　李颖	45
978-7-111-64624-2	新能源汽车维护与故障诊断（全彩印刷）	王强　等	55
978-7-111-67046-9	新能源汽车结构原理与检修（彩色版）	康杰　等	55

书号	书名	作者	定价（元）
978-7-111-44838-9	电动汽车动力电池管理系统原理与检修	朱升高　等	59.9
978-7-111-67537-2	新能源汽车动力蓄电池与驱动电机系统结构原理及检修	周旭　石未华	49.9
978-7-111-67299-9	电动汽车结构原理与故障诊断（第2版）（配实训工作手册）	陈黎明　冯亚朋	69.9
978-7-111-62362-5	电动汽车结构原理与维修	朱升高　等	49
978-7-111-61071-7	新能源汽车结构与维修（第2版）	蔡兴旺　康晓清	49
978-7-111-59156-6	电动汽车电机控制与驱动技术	严朝勇	45
978-7-111-48486-8	电动汽车动力电池及电源管理（"十二五"职业教育国家规划教材）	徐艳民	35
978-7-111-66097-2	新能源汽车专业英语	宋进桂　徐永亮	45
978-7-111-68486-2	智能网联汽车技术概论（彩色版配视频）	程增木　康杰	55
978-7-111-67455-9	混合动力汽车结构与检修一体化教程（彩色版）（附赠习题册含工作任务单）	汤茂银	55
传统汽车专业教材			
978-7-111-67889-2	汽车构造与原理　（彩色版）	谢伟钢　范盈圻	59
978-7-111-70247-4	汽车销售基础与实务（全彩印刷）	周瑞丽　冯霞	59
978-7-111-67815-1	汽车网络与新媒体营销（全彩印刷）	田凤霞	59.9
978-7-111-68708-5	汽车销售实用教程（第2版）（全彩印刷）	林绪东　葛长兴	55
978-7-111-68735-1	汽车自动变速器原理与诊断维修　（彩色版）	张月相　张雾琳	65
978-7-111-70422-5	汽车机械基础一体化教程（彩色版配实训工作页）	广东合赢	59
978-7-111-69809-8	汽车检测与故障诊断一体化教程（彩色版配工作页）	秦志刚　梁卫强	69
978-7-111-69993-4	汽车舒适与安全系统原理检修一体化教程（配任务工单）	栾琪文	59.9
978-7-111-71166-7	汽车发动机电控系统结构原理与检修（彩色版配实训工单）	李先伟　吴荣辉	59
978-7-111-68921-8	汽车底盘电控系统原理与检修一体化教程（彩色版）（附实训工作页）	杨智勇　金艳秋　翟静	69
978-7-111-67683-6	汽车底盘机械系统构造与检修一体化教程（全彩印刷）	杨智勇　黄艳玲　李培军	59
978-7-111-69963-7	汽车电气设备结构原理与检修（配实训工单）（全彩印刷）	管伟雄　吴荣辉	69
汽车维修必读			
978-7-111-71505-4	动画图解汽车构造原理与维修	胡欢贵	99.9
978-7-111-70826-1	汽车常见故障诊断与排除速查手册（赠全套352分钟维修微课）（双色印刷）	邱新生　刘国纯	79
978-7-111-64957-1	新能源汽车维修完全自学手册	胡欢贵	85
978-7-111-66354-6	汽车构造原理从入门到精通（彩色图解＋视频）	于海东　蔡晓兵	78
978-7-111-62636-7	新能源汽车维修从入门到精通（彩色图解＋视频）	杜慧起	89
978-7-111-66129-0	汽车电工从入门到精通（彩色图解＋视频）	于海东　蔡晓兵	78
978-7-111-60269-9	汽车维修从入门到精通（彩色图解＋视频）（附赠汽车故障诊断图表手册）	于海东	78